电力信息技术产业

发展报告 2020

——大数据分册

EPTC 电力信息通信专家工作委员会 组编

中国水利水电出版社
www.waterpub.com.cn

·北京·

内 容 提 要

随着"云大物移智链"等新一代信息通信技术的快速发展，能源革命与数字革命相融并进，电网企业正加速向数字化转型。在新型基础设施建设和国网公司数字新基建的推动下，电力信息通信领域的科技创新不断涌现。作为电力信息通信领域的专业研究机构，EPTC电力信通智库推出《电力信息技术产业发展报告2020》，本报告围绕电力行业数字化、网络化、智能化转型升级，聚焦大数据、人工智能、区块链专业方向，从宏观政策环境、技术产业发展现状及存在的问题、业务应用需求及典型业务应用场景、关键技术研发方向、基于专利的企业创新力研究、创新产品与创新应用解决方案、技术产业发展建议等方面展开研究，以技术结合实际案例的形式多视角、全方位展现信息技术和电力行业融合发展带来的创新和变革，为电力行业向能源互联网转型以及融合创新提供重要参考依据。

本报告能够帮助读者了解电力信息技术产业发展现状和趋势，给电力工作者和其他行业信息技术相关工作的研究人员和技术人员在工作中带来新的启发和认识。

图书在版编目（CIP）数据

电力信息技术产业发展报告. 2020 : 大数据分册、区块链分册、人工智能分册 / EPTC电力信息通信专家工作委员会组编. -- 北京 : 中国水利水电出版社, 2020.12
ISBN 978-7-5170-9293-3

Ⅰ. ①电… Ⅱ. ①E… Ⅲ. ①信息技术－应用－电力系统－研究报告－中国－2020 Ⅳ. ①TM769

中国版本图书馆CIP数据核字(2020)第266480号

书　　名	电力信息技术产业发展报告2020 （大数据分册、区块链分册、人工智能分册） DIANLI XINXI JISHU CHANYE FAZHAN BAOGAO 2020 (DASHUJU FENCE、QUKUAILIAN FENCE、RENGONG ZHINENG FENCE)
作　　者	EPTC电力信息通信专家工作委员会　组编
出版发行	中国水利水电出版社 （北京市海淀区玉渊潭南路1号D座　100038） 网址：www.waterpub.com.cn E－mail：sales@waterpub.com.cn 电话：（010）68367658（营销中心）
经　　售	北京科水图书销售中心（零售） 电话：（010）88383994、63202643、68545874 全国各地新华书店和相关出版物销售网点
排　　版	中国水利水电出版社微机排版中心
印　　刷	天津嘉恒印务有限公司
规　　格	184mm×260mm　16开本　26.25印张（总）　622千字（总）
版　　次	2020年12月第1版　2020年12月第1次印刷
印　　数	0001—2000册
总 定 价	128.00元（全3册）

《电力信息技术产业发展报告 2020》编委会

主　　任：张少军　蒲天骄　王　栋

副 主 任：贺惠民　白敬强　梁志琴

委　　员：李运平　苏　丹　那琼澜　玄佳兴　王新迎　彭国政

　　　　　张国宾　范金锋　张东霞　林为民　卢卫疆　林志达

　　　　　胡　军　杨红鹏　高　伟

主编单位：国网冀北电力有限公司信息通信分公司

　　　　　中国电力科学研究院有限公司

　　　　　国网区块链科技（北京）有限公司

　　　　　中能国研（北京）电力科学研究院

《大数据分册》编委会

主　　编：蒲天骄

副 主 编：彭国政　白敬强　梁志琴　苏　丹

编　　委：赵紫璇　韩富佳　杨　睿　吕　冰　韩双立　高　伟

　　　　　秦耀文　陈相舟　李　彬　郑　伟　韩　允　刘　曒

　　　　　周　玥　朱　瑛　王静静　李瑞雪　刘　静　韩瑞芮

　　　　　何日树　王　孜　翟　钰　王晓彤

编写单位：中国电力科学研究院有限公司

　　　　　国网冀北电力有限公司信息通信分公司

　　　　　中能国研（北京）电力科学研究院

　　　　　天津万贸科技有限公司

习近平主席在联合国大会上表示："二氧化碳排放力争于 2030 年前达到峰值，争取在 2060 年前实现碳中和。"在"双碳承诺"的指引下，能源转型是关键，最重要的路径是使用可再生能源，减少碳排放，提升电气化水平。可以预见，未来更为清洁的电力将作为推动经济发展、增进社会福祉和改善全球气候的主要驱动力，其重要性将会日益凸显，电能终将实现对终端化石能源的深度替代。

十九届五中全会提出"十四五"目标强调，实现能源资源配置更加合理，利用效率大幅提高，推进能源革命，加快数字化转型。可见，数字化是适应能源革命和数字革命相融并进趋势的必然选择。当前，我国新能源装机及发电增长迅速，电动汽车、智能空调、轨道交通等新兴负荷快速增长，未来电网将面临新能源高比例渗透和新兴负荷大幅度增长带来的冲击波动，电网正逐步演变为源、网、荷、储、人等多重因素耦合的，具有开放性、不确定性和复杂性的新型网络，传统的电网规划、建设和运行方式将面临严峻挑战，迫切需要构建以新一代信息通信技术为关键支撑的能源互联网，需要电力、能源和信息产业的深度融合，加快源-网-荷-储多要素相互联动，实现从"源随荷动"到"源荷互动"的转变。

近年来，随着智能传感、5G、大数据、人工智能、区块链、网络安全等新一代信息通信技术与能源电力深度融合发展，打造清洁低碳、安全可靠、泛在互联、高效互动、智能开放的智慧能源系统成为发展的必然趋势，新一代信息通信技术将助力发电、输电、变电、配电、用电和调度等产业链上下游各环节实现数字化、智能化和互联网化，带动电工装备制造业升级、电力能源产业链上下游共同发展，有效促进技术创新、产业创新和商业模式创新。

EPTC 信通智库是专注于电力信息通信技术创新与应用的新型智库平台，秉承"创新融合、协同发展、让智慧陪伴成长"的价值理念，面向能源电力行业技术创新与应用的共性问题，聚焦电力企业数字化转型过程中的痛点需求，关注电力信息通信专业人员职业成长，广泛汇聚先进企业创新应用实践和优秀成果，为企业及技术工作者提供平台、信息、咨询和培训四大价值服务，推动能源电力领域企业数字化转型和数字产业化高质量发展。

为了充分发挥 EPTC 信通智库的组织平台作用，围绕新一代信息通信技术在能源电力领域的融合应用及产业化发展需求，精选传感、5G、大数据、人工智能、区块链、网络安全六个新兴技术方向，从宏观政策环境分析、产业发展概况、技术发展现状分析、业务应用需求和典型应用场景、关键技术分类及重点研发方向、基于专利的企业技术创新力评价、新技术产品及应用解决方案、技术产业发展建议等方面，组织编制了电力信息通信技术产业发展报告 2020 系列专题报告，集合专家智慧、融通行业信息、引领产业发展，希望切实发挥智库平台的技术风向标、市场晴雨表和产业助推器的作用。

本报告适合能源、电力行业从业者，以及信息化建设人员，帮助他们深度了解电力行业数字化转型升级的关键技术及典型业务应用场景；适合企业管理者和国家相关政策制定者，为支撑科学决策提供参考；适合关注电力信息通信新技术及发展的人士，有助于他们了解技术发展动态信息；可以给相关研究人员和技术人员带来新的认识和启发；也可供高等院校、研究院所相关专业的学生学习参考。

特别感谢 EPTC 电力信息通信专家工作委员会名誉主任委员李向荣先生等资深专家的顾问指导，感谢报告编写组专家们的撰写、修改，以及出版社老师们的编审、校对等工作，正是由于你们的辛勤付出，本报告才得以出版。由于编者水平所限，难免存在疏漏与不足之处，恳请读者谅解并指正。

编者

2020 年 12 月

目 录

图目录

表目录

第1章
宏观政策环境分析

1.1 大数据产业政策分析

大数据产业是以数据采集、交易、存储、加工、分析、服务为主的各类经济活动，包括数据资源建设、大数据软硬件产品的开发、销售和租赁活动以及相关信息技术服务。

大数据是一种规模大到在获取、存储、管理、分析方面大大超出了传统数据库软件工具能力范围的数据集合，具有海量的数据规模、快速的数据流转、多样的数据类型和价值密度低四大特征，是信息化发展的新阶段。随着信息技术和人类生产生活交汇融合、互联网快速普及，全球数据呈现爆炸式增长、海量聚集的特点，对经济发展、社会治理、国家管理、人民生活都产生了重大影响。在全球信息化快速发展的大背景下，大数据已成为国家重要的基础性战略资源，正引领新一轮科技创新，推动经济转型发展。

随着全球数据的爆炸式增长，大数据在政策层面备受关注。2014年，大数据首次写入政府工作报告，全国31省（自治区、直辖市）陆续出台相关政策，据不完全统计，各地出台大数据相关政策共计160条。大数据逐渐成为各级政府关注的热点，政府数据开放共享、数据流通与交易、利用大数据保障和改善民生等概念深入人心。

1.1.1 大数据产业成为实现制造强国和网络强国的强大支撑

大数据产业已成为经济发展的新引擎，成为驱动传统产业转型升级，支撑新型产业发展不可或缺的重要产业。国家在政策方面高度重视大数据产业发展。中国大数据产业政策始于2015年9月国务院颁发的《促进大数据发展行动纲要》（国发〔2015〕50号，下文简称《纲要》）。紧随其后，工业和信息化部出台了《大数据产业发展规划（2016—2020年）》（工信部规〔2016〕412号，下文简称《规划》），明确了大数据产业的发展方向和着力点，规划到2020年，技术先进、应用繁荣、保障有力的大数据产业体系基本形成，大数据相关产品和服务业务收入突破1万亿元，年均复合增长率保持在30%左右，加快建设数据强国，为实现制造强国和网络强国提供强大的产业支撑。党的十九大报告进一步强调："加快建设制造强国，加快发展先进制造业，推动互联网、大数据、人工智能和实体经济深度融合，在中高端消费、创新引领、绿色低碳、共享经济、现代供应链、人力资本服务等领域培育新增长点、形成新动能。"

1.1.2 大数据成为数字经济和新型智慧城市建设的核心要素

公安部、国家发展和改革委员会、工业和信息化部、自然资源部、水利部、交通运输部等各部门，以及地方各个省（自治区、直辖市）都相继推出了促进大数据产业发展的意见和方案，产业整体发展环境持续优化。截至 2019 年年底，除港、澳、台外，全国 31 个省级单位均已发布了推进大数据产业发展的相关文件，多省市将新一代信息技术作为整体考虑，并加入了人工智能、数字经济等内容，关注大数据与行业应用结合及政务数据共享，不断拓展大数据的外延。

近年来，国家大力倡导"新型智慧城市"建设，其内容涵盖无处不在的惠民服务、透明高效的在线政府、精细精准的城市治理以及安全可控的运行体系等，这些都与大数据技术和产品紧密相关。智慧城市建设正在从网络化、数字化迈向智能化，大数据是其中的重要战略资源。国家信息中心发布的《新型智慧城市发展报告 2018—2019》明确指出："我国大量城市已经从新型智慧城市建设的准备期向起步期和成长期过渡，处于起步期和成长期城市从两年前的占比 57.7% 增长到 80%，而处于准备期的城市占比则从 42.3% 下降到 11.6%，许多城市已经开展了大量工作并取得良好成效，工作重心从整体规划向全面落地过渡，新技术应用驱动新发展和新变革，数据关键要素作用初步显现，多规融合应用逐渐普及，惠民服务从'能用'到'好用'不断升级。"与此同时，加快数字中国建设已经成为我国重要的国家战略。作为数字经济和新型智慧城市建设的核心要素，大数据将为其提供数据分析平台和工具，助力各个细分应用环节的"智慧化"落地。以此为契机，中国大数据产业将迎来新一轮快速成长。

我国大数据产业主要政策见表 1-1。

表 1-1　　　　　　　　　　我国大数据产业主要政策

颁布时间	颁布主体	政策名称	文　号	关键词（句）
2019 年	自然资源部办公厅	《智慧城市时空大数据平台建设技术大纲（2019 版）》	自然资办函〔2019〕125 号	时空大数据
2018 年	银保监会	《银行业金融机构数据治理指引》	银保监发〔2018〕22 号	数据治理
	中央网信办、国家发展和改革委员会、工业和信息化部	《公共信息资源开放试点工作方案》		信息资源开放试点
2017 年	水利部	《关于推进水利大数据发展的指导意见》	水信息〔2017〕178 号	水利大数据
	中国气象局	《气象大数据行动计划（2017—2020 年）》	气发〔2017〕78 号	气象大数据
	公安部	《关于深入开展"大数据＋网上督察"工作的意见》	公办〔2017〕291 号	大数据＋网上督察

颁布时间	颁布主体	政策名称	文　号	关键词（句）
2016 年	交通运输部办公厅	《关于推进交通运输行业数据资源开放共享的实施意见》	交办科技〔2016〕113 号	数据开放共享
	国土资源部	《关于促进国土资源大数据应用发展的实施意见》	国土资发〔2016〕72 号	国土资源大数据

（数据来源：赛迪顾问，2020 年 7 月）。

1.2　电力大数据战略方向分析

1.2.1　能源互联网是新基建的典型代表、大数据是新基建"基础中的基础"

2020 年以来，以 5G、人工智能、数据中心等为代表的新型基础设施建设设备受关注。3 月，中央政治局从统筹推进疫情防控和经济社会发展大局出发，作出加快 5G 网络、特高压、城际高速铁路和城际轨道交通、新能源汽车充电桩、大数据中心等新型基础设施建设进度的工作部署，推动构建数字经济时代的关键基础设施，实现经济社会转型。

2020 年能源互联网全面建设过程就是"新基建"七大领域在电力行业的实践与落地过程，特高压、新能源汽车充电桩、大数据中心是能源互联网建设的有机组成部分，5G 网络、人工智能是提升能源互联网智能互动和资源配置能力的重要基础，城际高速铁路和城际轨道交通与能源互联网属于产业链上、下游关系。建设能源互联网是电力企业落实中央"新基建"工作部署的重要举措，也是积极布局数字经济、构建互利共赢价值链的具体实践。

随着我国数字基础设施建设的不断发展和完善、"大云物移智链"等现代信息技术不断突破及"新基建"的大力推进，将开启信息化发展新阶段。未来所有企业基本的形态就是在云端用人工智能处理大数据，一切有云、有人工智能的地方都必须涉及大数据，大数据是新基建"基础中的基础"。作为数字革命与能源革命深度融合的产物——能源互联网，将推动人类社会发展迅速过渡到一个全新的能源体系和工业模式，电力大数据将在建设能源互联网中发挥重要作用，产生重要价值。

1.2.2　电力大数据支撑能源互联网的建设

能源互联网建设成功与否的一个重要衡量标志，是电力大数据是否被实时产生、采集、处理、加工并形成高价值应用。深入挖掘电力大数据价值，是建设能源互联网的重要组成部分。电力大数据是重要的"对接点"。现代工业生产与能源消耗密切相关，耗电量的多少可以准确反映我国工业生产的活跃度以及工厂的开工率。通过对客户用电数据的分析，可辅助政府了解和预测全社会各行业发展状况和用能状况，为政府在产业调整、经济调控等方面做出合理决策提供依据。

（1）保障电网可靠运行。特高压交直流混联，大容量的清洁能源大批量上网，分布式能源、电动汽车、储能等交互式能源设施快速发展,对电网安全稳定运行提出了更高要求。基于设备台账、电网运行、故障缺陷等数据,开展安全生产风险监测分析和预警,打造复杂环境下输电线路安全隐患监测、设备资产风险防控、安全生产风险大数据分析等产品,能够更加有力地保障电网安全可靠运行。

(2)提升经营管理水平。通过网络不断延伸、万物广泛互联、数据深度应用,提升对内、外部环境的感知水平,实现经营管理全过程的可视可控、精益高效,对电网经营态势、运营情况、潜在风险做到超前研判,进一步提升服务质量,降低运营成本,推动更高质量、更有效益、更可持续地发展。

(3)提高用户服务水平。能源互联网呈现能源流、业务流、数据流"多流合一"趋势,电力大数据可在新能源消纳、设备运行、用户用能等方面发挥积极作用,提升能源利用的安全性、友好性和互动性,为用户提供更便捷、更优质、更智能的服务。

1.2.3 企业需深挖电力大数据价值、构建电力大数据生态圈

电力大数据具有覆盖范围广、价值密度高、实时准确性强等特点。

(1)覆盖范围广。包括发电运行数据、电网运行数据、用户用电数据等,并且相关领域的数据储量丰富。

(2)价值密度高。电力数据主要伴随电力生产和消费实时产生,数据真实性高,且贯穿电力系统"发、输、变、配、用"各个环节,能够全面、真实地反映宏观经济运行情况、各产业发展状况、居民生活水平和消费结构等,对服务国家治理具有很高的应用价值。

(3)实时准确性强。电力行业自动化、信息化水平较高,用于数据采集、传输和应用的基础设施完备,部分采集类数据频度达到分钟级或秒级,数据实时性和真实性高,具有很强的独占性和不可替代性。

电力大数据是发展数字经济不可或缺的生产要素。电力大数据的应用是电力生态圈逐步演变的必然趋势。在数字经济的背景下,电力企业的运营不能仅满足于内部,而是要放眼整个生态圈,需要整合内外部优质资源,构建电力大数据生态圈,带动关联企业、上下游企业、中小微企业共同发展。

2018 年 12 月 29 日,中国南方电网有限责任公司大数据中心在广州挂牌成立。大数据中心的成立,是中国南方电网有限责任公司进一步承接国家大数据战略、全面推动能源互联网的重要战略部署。2020 年中国南方电网有限责任公司已启动粤港澳大湾区数据洞察(一期)项目,把电网管理平台、客户服务平台与数字政府及粤港澳大湾区利益相关方连通起来,运用电力经济指数客观刻画经济状况,辅助预估经济趋势。中国南方电网有限责任公司将建成基于云数一体的新一代数字化基础平台和业务平台,基本形成与数字政府、国家工业互联网、能源产业链上下游互联互通的格局。

2019 年 5 月 21 日,国家电网有限公司大数据中心成立,作为国家电网有限公司数据管理的专业机构和数据共享、数据服务、数字创新平台,大数据中心主要负责公司数据管理、运营、服务等方面工作,为国家电网有限公司建设具有中国特色国际领先的能源互联网企业提供支撑。大数据中心的发展规划分为 3 个阶段,即近期、中期、远期。近期

阶段，2020 年，明确了服务、运营、工具建设、人才队伍建设等七项重点任务；中期阶段，到 2021 年，初步建成能源行业国际一流大数据中心，具备专业的数据治理、大数据分析、数字产品开发运营和云服务运营能力；远期阶段，到 2024 年，建成能源行业国际一流大数据中心，建成统一标准、统一模型的数据平台，实现内外部数据"即时获取"、一次采集、全网共享。

第 2 章
电力大数据产业发展概况

2.1 大数据产业链全景分析

2.1.1 基础支撑层是整个大数据产业发展的主要引擎和重要基础

基础支撑层是整个大数据产业的主要引擎和重要基础，主要包括硬件设施、数据管理平台以及数据分析等内容。其中，硬件设施主要包括存储设备、传输设备、大型机、一体机等硬件基础设施，以及智能感知终端设备、可穿戴设备、监控类设备、芯片等各类具备数据采集功能的相关工具；数据管理平台具备预处理、分析功能，主要包括数据采集、数据集成、数据库、数据存取、云存储、计算处理、数据挖掘、数据安全、全技术支持等内容，以及ETL技术服务、基础架构服务、开源技术服务、大数据社区等技术服务内容；数据分析按照数据类型可以提供图像分析、语音分析、视频分析及文本挖掘等服务，如果按照应用类型分类则包括人工智能、可视化、广告监测、用户行为分析、日志分析等服务。从数据流动的角度来看，大数据整体架构可以理解为前端的数据采集、中端的流处理、批处理、即时查询和数据挖掘等服务以及末端的数据可视化等服务。

随着服务器和存储设备等硬件的商品化，以及模块化数据中心建设模式的成熟，大数据基础支撑层中的计算、存储和网络等硬件设施持续优化和发展，数据中心建设愈发高效和环保。与此同时，随着容器技术、无服务计算、区块链、机器学习和人工智能等技术的落地应用，云计算资源管理平台也日益灵活、高效，为大数据业务的顺利开展提供有力支撑。

2.1.2 数据分析和数据安全成为数据服务层需求旺盛的两大领域

近年来数据分析需求快速增长，与数据密切相关的数据采集、数据预处理、数据可视化、数据存储、数据管理平台和数据安全等数据服务层通用服务增长迅速。大数据产业中数据服务层即围绕各类应用和市场需求，提供辅助性的服务，包括数据交易、各类数据资产管理类服务、数据加工分析类服务、信息安全类服务以及基于各种数据的IT运维类服务等。

随着大数据市场的持续演进，如何获取可用的数据资源成为关键。在一个大数据项目中，通常不仅数据量大，而且数据种类庞杂，工程师为整理这些初始数据所花费的时间占据项目总时间的 $60\%\sim70\%$ 。为了更好地应对这种需求，集中式的数据采集和预处理市场成为下一步的发展重点。数据采集和预处理成为新兴的IT服务外包方向，引领了数据服务层市场规模增长。目前，已有部分政府和园区在发展大数据产业时，选择大数据采集、清洗和加工作为着力点。

数据采集分析和数据安全是当前大数据市场需求最旺盛的两大领域。数据采集分析是数据服务领域最核心的环节，数据安全则随着数字经济的落地建设而变得愈发重要，两者净利率在该数据服务领域中表现最好。数据资产管理（如数据交换和数据共享等）和数据可视化紧随其后，数据资产管理在政府和大型企业受到高度关注，可视化应用则在政务领域应用广泛，如交通智慧管理、市政监测和安防管控等。数据化运营服务，主要应用大数据技术对数据基础设施开展实时监测、运维和管理，随着数据基础设施数量的激增，市场成长迅速，其净利率也较高（9.8%）。数据交易服务虽然近年较为火热，但商业模式尚不清晰，数据交易的标准和机制也不完善，其市场净利率较低，仅为6%左右。

2.1.3 新型智慧城市和数字经济的发展推动大数据融合应用发展

大数据产业融合应用层主要包括与政务、工业、金融、交通、电信和空间地理等行业应用紧密相关的软件和整体解决方案，以及与营销等业务应用密切相关的软件和解决方案。新型智慧城市和数字经济的发展极大地推动了大数据在政府治理、民生服务和行业应用等方面的发展。

在政府治理领域，数据的汇集整合、横向打通和开放共享是发展重点；在民生服务领域，应用场景非常广泛，如政务信息化、交通监管、健康医疗大数据试点、环境监测、食品药品溯源和网络监管等；在行业应用领域，大数据与制造业、金融业、电信业和旅游业等具体场景融合，释放海量市场空间，未来增长潜力巨大。

大数据产业链全景图如图2-1所示，大数据产业链企业图谱如图2-2所示。

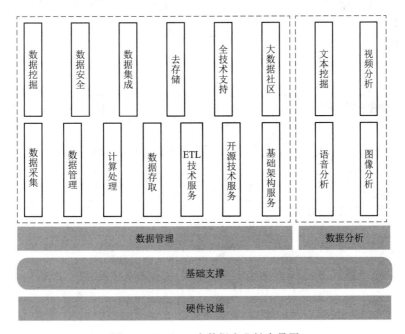

图2-1（一） 大数据产业链全景图

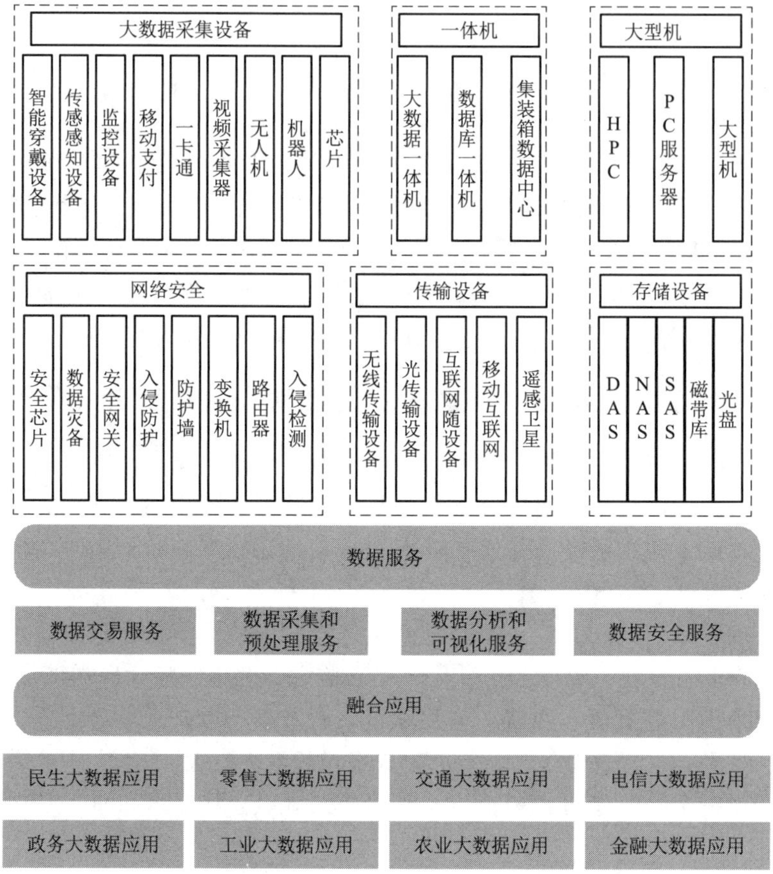

大数据采集设备
智能穿戴设备
传感感知设备
监控设备
移动支付
一卡通
视频采集器
无人机
机器人
芯片
一体机
大数据一体机
数据库一体机
集装箱数据中心
大型机
HPC
PC服务器
大型机
网络安全
安全芯片
数据灾备
安全网关
入侵防护
防护墙
变换机
路由器
入侵检测
传输设备
无线传输设备
光传输设备
互联网随设备
移动互联网
遥感卫星
存储设备
DAS
NAS
SAS
磁带库
光盘
数据服务
数据交易服务
数据采集和预处理服务
数据分析和可视化服务
数据安全服务
融合应用
民生大数据应用
零售大数据应用
交通大数据应用
电信大数据应用
政务大数据应用
工业大数据应用
农业大数据应用
金融大数据应用

图 2-1（二）　大数据产业链全景图

（数据来源：赛迪顾问，2020 年 7 月）

基础支撑
数据管理
TRS
Tencent 腾讯
九次方大数据
JUSFOUN BIG DATA
优易数据
YOUEDATA
Bai du 百度
紫光云
因特睿
Internetware
数据堂
Datatang
常山北明
www.csbmkj.com
数据分析
AISPEECH 思必驰
Face++ 旷视
ByteDance
字节跳动
科大讯飞
iFLYTEK
SeetaTech
中科视拓
Bai du 百度
商汤
sensetime
SoundAI
声智科技

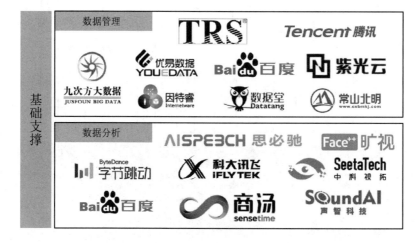

图 2-2（一）　大数据产业链企业图谱

图 2-2（二）　大数据产业链企业图谱

（数据来源：赛迪顾问，2020 年 7 月）

2.2 大数据产业发展现状

2.2.1 大数据储量规模爆发式增长

人类社会已经由互联网、移动互联网逐步发展到万物互联时代，全球数据量也呈现爆发式增长态势。全球数据量已经由 2016 年的 18ZB 增长到了 2019 年的 41ZB，2020 年数据量将超过 51ZB，如图 2-3 所示。

云计算、大数据、物联网、人工智能等新一代信息技术快速发展，数据中心建设已成为大势所趋。世界主要国家和企业纷纷开启数字化转型之路，在这一热潮推动下，全球数据中心 IT 投资呈现快速增长趋势。全球及中国数据中心 IT 投资规模增长率均高于全球 GDP 增长率（2.3%）和中国 GDP 增长率（6.1%）。

从全球数据中心建设发展来看，世界前三大数据中心市场——美国、日本和欧洲的数据中心 IT 总投资规模仍占全球数据中心 IT 投资规模的 60% 以上，美国保持市场领导

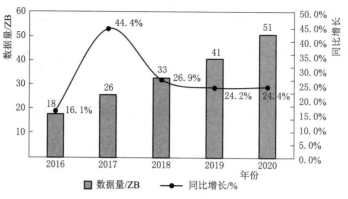

图 2-3　2016—2020 年全球大数据储量

（数据来源：Statista，赛迪顾问，2020 年 7 月）

者地位，在数据中心产品、技术、标准等方面引领全球数据中心市场发展。亚太市场（除日本）仍是全球数据中心市场的亮点，与 2018 年同期相比增长 12.3%，数据中心 IT 投资规模达到 751.7 亿美元，主要动力仍来自中国数据中心市场稳步发展，移动互联网、云计算、大数据、人工智能等应用深化，互联网＋、人工智能＋、工业互联网建设加速，如图 2-4 所示。

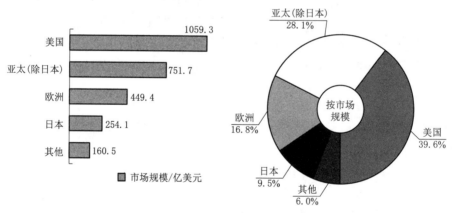

图 2-4　全球主要国家和地区数据中心 IT 投资市场规模及占比

（数据来源：赛迪顾问，2020 年 7 月）

2.2.2　拓宽和深入大数据技术应用是各国数据战略的共识之处

拓宽和深入大数据技术应用已经成为各国数据战略的共识之处。美国早在 2012 年 3 月就宣布启动"大数据研究与开发计划"，投入 2 亿美元进行大数据相关技术研发，2019 年 6 月 4 日，美国政府发布了《2019—2020 联邦数据战略行动计划》（即联邦数据战略的"第一年度行动计划"）草案（来自中国科学研究院），草案包含了每个机构开展工作的具体可交付成果以及由多个机构共同协作推动的政府行动，旨在编纂联邦机构如何利用计划、统计和任务支持数据作为战略资产来发展经济、提高联邦政府的效率、加强监督和提高透明度。与 2016 年美国颁布的《联邦大数据研发战略计划》相比，《2019—2020 联邦数据战略行动计划》草案体现出美国对于数据的重视程度继续提升，并出现了聚焦点从"技术"到"资产"的转变，其中着重提到了金融数据和地理信息数据的标准统一问题。此外，草案配套文件中"共享行动：政府范围内的数据服务"成为亮点，针对数据跨机构协同与共享，从执行机构到时间节点都进行了战略部署。

欧盟委员会在 2012 年 9 月发布了"释放欧洲云计算服务潜力"战略，旨在把欧盟打造成推广云计算服务的领先经济体。欧洲议会也通过了决议，敦促欧盟及其成员国创造一个"繁荣的数据驱动经济"。该决议预计到 2020 年，欧盟国内生产总值将受到数据使用的影响增加 1.9%。英国政府统计部门也正在探索利用交通数据，通过大数据分析及时跟踪英国经济走势，提供预警服务，帮助政府进行精准决策。

日本在 2013 年 6 月，由安倍内阁正式公布《创建最尖端 IT 国家宣言》，这以开放大数据为核心的国家 IT 战略，旨在把日本建成具有"世界最高水准的广泛运用信息产业技术的社会"；韩国未来创造科学部则在 2013 年提出"培育 1000 家大数据、云计算系统相关企业"的国家级大数据发展计划，以及出台《第五次国家信息化基本计划（2013—2017）》等多项大数据发展战略。

在全球主要国家和地区对于大数据技术和应用的推动下，2019 年全球大数据市场规模达到 500.0 亿美元，同比增长 19.0%，如图 2-5 所示。

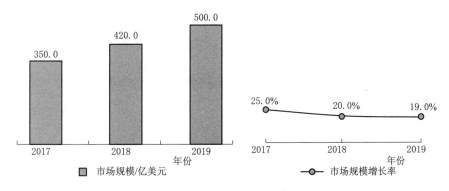

图 2-5 2017—2019 年全球大数据市场规模及增长率

（数据来源：赛迪顾问，2020 年 7 月）

从细分市场来看，大数据软件市场份额占比逐年上升，但是硬件市场比例呈下降趋势。2019 年大数据服务领域市场规模达到 190.0 亿美元，占比最高，达到 38%；大数据软件领域次之，占比 34%，市场规模达到 170.0 亿美元，大数据硬件领域市场规模 140.0 亿美元，占比 28%，如图 2-6 所示。

2.2.3 中国大数据产业规模已经超过 5000 亿元

中国大数据产业发展受宏观政策环境、技术进步与升级、数字应用普及渗透等众多利好因素的影响，2019 年产业规模达到 6357.1 亿元，同比增长 28%，如图 2-7 所示。

随着"互联网＋"的不断深入推进以及数字技术的不断成熟，大数据的应用和服务

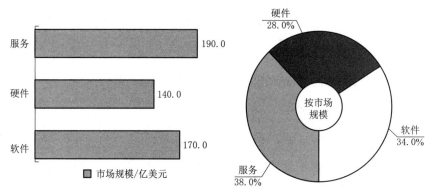

图 2-6 2019 年全球大数据市场结构

（数据来源：赛迪顾问，2020 年 7 月）

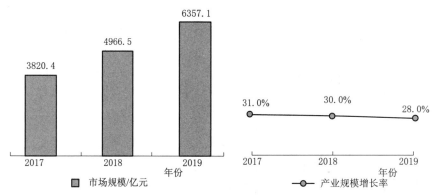

图 2-7 2017—2019 年中国大数据产业规模及增长率

（数据来源：赛迪顾问，2020 年 7 月）

持续深化，5G 和物联网的发展，也使得业界对更为高效、绿色的数据中心和云计算基础设施的需求越发迫切，市场对大数据基础设施的需求也在持续升高。大数据基础层持续保持高速增长。2019 年基础支持层产业规模达到 4295.8 亿元，占大数据产业规模的 67.6%，如图 2-8 所示。

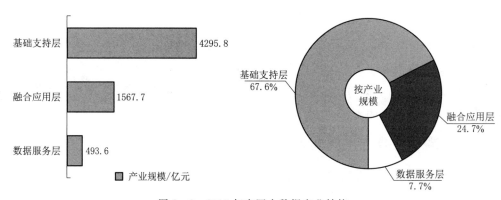

图 2-8 2019 年中国大数据产业结构

（数据来源：赛迪顾问，2020 年 7 月）

2.2.4 中国大数据市场互联网行业占比最高

从大数据市场的行业结构来看，2019年互联网行业占比最高，达53.0%。金融和电信两个行业的信息化水平高，应用大数据提升业务增长意愿强，两者占比分别为10.9%和8.8%。近两年来，工业互联网、工业企业上云和工业App快速发展推动了工业大数据市场的增长，其市场份额达7.2%。与此同时，新一轮新型智慧城市建设和数字经济建设大幅提升政务大数据的支出，其市场份额达5.7%。健康医疗大数据市场目前推进速度较慢，但未来增长前景可期，其市场份额为3.5%，如图2-9所示。

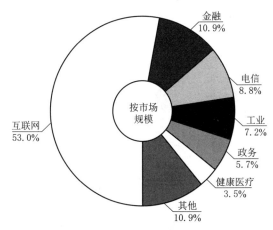

图 2-9　2019年中国大数据市场行业结构

（数据来源：赛迪顾问，2020年7月）

2.3　电力大数据市场规模预测

2.3.1　两大电网公司积极布局电力大数据

随着电子信息技术的发展，数据的价值逐渐得到体现，新建电网、老旧电网升级改造均包括大数据技术的应用。两大电网公司积极布局电力大数据建设，推动电力大数据进一步发展。

国家电网有限公司大数据中心于2019年5月正式揭牌成立，为国家电网有限公司建设"三型两网"世界一流能源互联网企业提供数字化支撑。国家电网有限公司大数据中心迎合"一机构三平台"定位，即公司数据管理的专业机构、数据共享平台、数据服务平台和数字创新平台，是电力生态圈演变的必然趋势，为电力大数据市场发展起到了良好的示范作用。

中国南方电网有限责任公司于2020年启动粤港澳大湾区数据洞察（一期）项目，把电网管理平台、客户服务平台与数字政府及粤港澳大湾区利益相关方连通起来，运用电力经济指数客观刻画经济状况、辅助预估经济趋势。电力大数据作为项目的重要对接点和重点分析对象，不仅是项目本身的需求，而且可以通过大数据技术反映现代工业生产耗电量情况，为政府在产业调整、经济调控等方面做出合理决策提供依据，进而从需求侧推动电力大数据发展。

2.3.2　2022 年全球电力大数据市场规模突破 80 亿美元

大数据与云计算、人工智能等技术的持续联动，进一步促进了大数据技术的全面发展。预计 2020—2022 年，全球大数据市场规模呈现平稳增长趋势，2022 年市场规模将达842.4 亿美元，同比增长 17.8％，如图 2-10 所示。

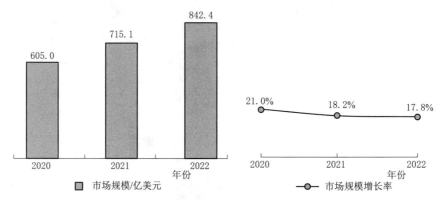

图 2-10　2020—2022 年全球大数据市场规模及增长率预测

（数据来源：赛迪顾问，2020 年 7 月）

随着大数据技术在电力行业市场的持续发展，电力大数据市场规模 2020—2022 年将保持高速增长，预计 2020 年全球电力大数据市场规模将达到 52.6 亿美元，预计 2022 年市场规模将达 82.6 亿美元，在全球大数据市场占比为 9.8％，如图 2-11 所示。

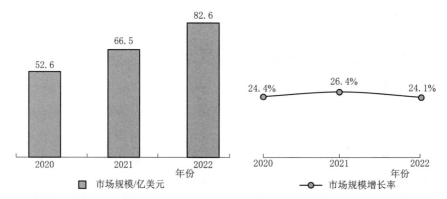

图 2-11　2020—2022 年全球电力大数据市场规模及增长率预测

（数据来源：赛迪顾问，2020 年 7 月）

2.3.3　数据管理在中国电力大数据市场规模中占比最高

随着中国在大数据技术方面持续探索、不断突破，在大数据融合应用方面强力推广、逐渐落地。2020—2022 年，中国大数据市场规模呈现平稳增长趋势，预计 2022 年市场规模将达 2461.7 亿元,同比增长 19.8%,如图 2-12 所示。

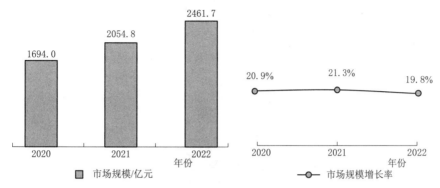

图 2-12 2020—2022 年中国大数据市场规模及增长率预测

(数据来源:赛迪顾问,2020 年 7 月)

国家电网有限公司和中国南方电网有限责任公司陆续开展有关电力大数据推广项目,助力中国电力大数据市场规模高速增长。预计 2020 年中国电力大数据市场规模达到 74.5 亿元,预计 2022 年市场规模将达 143.1 亿元,如图 2-13 所示。

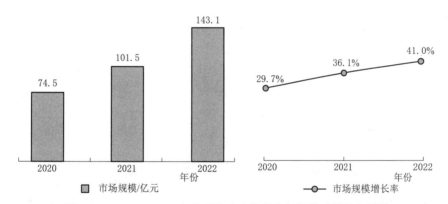

图 2-13 2020—2022 年中国电力大数据市场规模及增长率预测

(数据来源:赛迪顾问,2020 年 7 月)

按照数据处理流程细分市场结构,中国电力大数据主要作用于数据采集、数据管理、数据分析和数据服务 4 个细分市场方向。其中,数据管理市场规模占比最高,超过其他 3 个细分市场占比总额,达 66.7%,其次为基于数据管理产生的数据分析细分市场,占比为 19.5%。应用大数据技术的数据采集市场份额和利用大数据技术提供电力数据服务的市场份额分别为 7.2%、6.6%,未来发展空间广阔,如图 2-14 所示。

占比最高的数据管理细分市场主要体现在两个方面:一是以全社会用电量作为考察对象,将采集到的结构化、半结构化和非结构化数据(如电力客户服务中心数据、设备在线监测系统中的视频数据与图像数据等)进行压缩、清洗等预处理;二是基于分布式系统、云数据库等存储数据。占比次之的数据分析细分市场主要体现在应用内存计算、流计算等算法,对存储数据进行状态分析,可应用于电力系统、电力资产故障预判、为电力用户提供定制化业务、协助政府部门了解经济运行情况等场景。

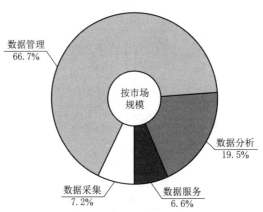

图 2-14　2020 年中国电力大数据市场结构预测

（数据来源：赛迪顾问，2020 年 7 月）

2.4　电力大数据产业发展趋势

大数据技术应用于电力行业主要体现在数据获取和预处理、数据融合、数据存储、数据处理和数据分析等方面，其中数据获取和数据存储是数据处理的基础。随着数据分析技术及算法的不断迭代演进，结合 5G 高速率传输技术，实现更高效的处理分析将成为电力大数据发展的重要趋势之一。与此同时，电力大数据分析还能够通过检测用电侧需求得出生产生活用电是否出现异常，为政府决策提供数据支撑，成为特殊时期的重要辅助分析手段。此外，通过电力大数据处理分析结果可以制作客户画像，针对性地进行运维及业务推送服务也将成为电力大数据业务的发展趋势。

2.4.1　5G 加成大数据分析不断提高数据处理效率

随着电力数据采集及存储技术的不断完善，近几年电网广域检测系统（WAMS）得到了越来越多的关注。2019 年 5G 正式商用，新型高速率传输模式的大规模推广对于高度关注数据处理时效性的电力行业有着重大意义。

WAMS 采用同步相角测量技术，通过逐步布局全网关键测点的电源管理单元（PMU），实现对全网同步相角及电网主要数据的实时高速率采集。采集数据通过电力调度数据网络实时传送到广域监测主站系统，从而提供对电网正常运行与事故扰动情况下的实时监测与分析计算，及时获得并掌握电网运行的动态过程。5G 加成数据测量技术，能够提高数据处理速度，满足高实时性需求的应用场景（图 2-15）。2019 年 4 月，国家电网成立首个电力物联网 5G 通信技术应用实验室，实验室首要创新应用成果便是基于 PMU 的智能配电网运行关键技术研究，此项研究能够有效降低数据分析处理时延（速度为 100 帧/s，时延可至 10ms 以下）、完善配电系统。

基于电力大数据技术发展现状、新型通信技术的发展以及国家电网在技术融合方面的大力推动，5G 赋能配网 PMU 成为电力大数据发展重要趋势之一。

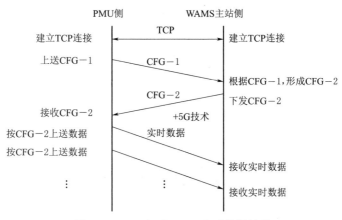

图 2 - 15　5G 加成 PMU 实时数据处理

2.4.2　电力大数据侧面支撑决策成为发展新趋势

电力大数据分析是基于发电、输电、变电、配电、用电多个环节产生的大量 TB 级数据而实现的，分析处理结果可以直接应用于实时电力调度，电力大数据在非常时期为相关部门决策提供数据支撑成为未来重要发展趋势，如图 2 - 16 所示。

基于电力系统多环节的大数据，可以通过划分不同维度，从而满足多种数据处理需求，如电力调度、生产活动检测等。按照不同行业生产用电特征、周期及规模，根据生产用电侧数据的变化初步了解用电侧电力需求的调整，从而推导出该行业生产情况是否正常进行，为相关部门了解不同行业生产活动现状、进行行业结构调整决策提供基础数据支撑。例如，疫情期间可以通过电力大数据分析，针对各行业复产复工比例进行检测，为政府了解各行业复产复工总体情况、是否根据防控等级按比例复工提供数据支撑。同时，电力大数据可以具体到各生产单位具体用电情况，为相关部门监管、调控各单位生产活动提供基础数据支撑。

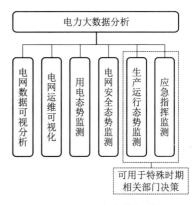

图 2 - 16　电力大数据分析
应用于多种决策

（图片来源：赛迪顾问，2020 年 7 月）

未来，利用辅助数据侧面支撑决策将成为数据分析与处理发展的新趋势，特别是在不宜现场调研或特殊情况无法正常调研时，这种情况对辅助数据分析进行数据处理的需求强烈。

2.4.3　电力大数据将在定制运维、定向推送业务方面发力

我国电力大数据分析和处理已经实现数据录入和查询等初级应用。随着电力数据类型越来越丰富、精度越来越高，基于数据分类标签的智能索引和分析技术、定向运维监控、形成客户画像为客户提供定制化业务推送将成为电力大数据的发展趋势之一。

针对定向运维监控，电力大数据分析一般多应用于多源数据分布式采集监视应用场景，如采用电力系统多专业广域大数据采集监视的技术方案，运用 Flume、Kafka、ElasticSearch 等大数据技术，适应电力系统实时数据接入、跨区和跨级传输的特点，实现基于数据分类标签的智能索引和分析，为运维人员提供高效的系统监控手段，推进电力大数据技术的实用化，如图 2-17 所示。

图 2-17　电力大数据运维系统云平台

图 2-18　电力大数据分析
应用于用户端需求分析
（数据来源：赛迪顾问，2020 年 7 月）

针对定制化业务推送，电力大数据通过细分分析维度，可以针对客户进行立体画像描述。利用电力大数据，电力企业结合客户用电特征（包括用电规模、用电周期等）针对不同类型客户进行细分，并开展定制化电力业务服务，将成为电力大数据用户端发展的重要趋势，如图 2-18 所示。

在运维和业务端，电力大数据将充分发挥分类处理数据能力，针对差异化需求，制定定制化解决方案。随着客户端对于服务质量和服务态度的要求越来越高，定制化业务拥有巨大的发展潜力，成为电力大数据重要发展趋势之一。

第 3 章
大数据技术发展现状

3.1 发展历程

3.1.1 概念的提出与发展

从文明之初的"结绳记事"到文字发明后的"文以载道",再到近现代科学的"数据建模",数据一直伴随着人类社会的发展变迁,承载了人类基于数据和信息认识世界的努力和取得的巨大进步。然而,直到以电子计算机为代表的现代信息技术出现后,为数据处理提供了自动的方法和手段,人类掌握数据、处理数据的能力才实现了质的飞跃。信息技术及其在经济社会发展方面的应用(即信息化),推动数据(信息)成为继物质、能源之后的又一重要战略资源。

1. 大数据萌芽阶段

"大数据"这一名词最早出现在未来学家 Alvin Toffler 于 1980 年发行的《第三次浪潮》一书中,书中将大数据热情地赞颂为"第三次浪潮的华彩乐章"。1998 年,美国高性能计算公司 SGI 的首席科学家 John Mashey 在一份国际会议报告中指出:随着数据量的快速增长,必将出现数据难理解、难获取、难处理和难组织 4 个难题,并用大数据来描述这一挑战,在计算领域引发思考。

2007 年,数据库领域的先驱人物 Jim Gray 指出,大数据将成为人类触摸、理解和逼近现实复杂系统的有效途径,并认为在实验观测、理论推导和计算仿真 3 种科学研究范式后,将迎来第四范式——数据探索,后来同行学者将其总结为"数据密集型科学发现",开启了从科研视角审视大数据的热潮。2008 年 9 月,《NATURE》杂志推出了名为"大数据"的封面专栏,讲述了数据在数学、物理、生物、工程及社会经济等多学科中扮演的愈加重要的角色。

2. 大数据发展阶段

从 2009 年开始,"大数据"成为互联网技术行业中的热门词汇,逐渐成为各行各业讨论的时代主题。对数据的认知更新引领了思维变革、商业变革和管理变革,大数据应用规模不断扩大,世界范围内开始针对大数据制定了相应的战略和规划。2012 年奥巴马政府公开发布了《大数据研究和发展倡议》,2013 年日本发布了《创建最尖端 IT 国家宣言》,韩国提出了"大数据中心战略",2014 年英国发布了《英国数据能力发展战略规划》,发达国家均把大数据视为重要的战略资源,大力抢抓大数据技术与产业发展的先发优势，积极捍卫本国数据主权，力争在数字经济时代占得先机。

对数据进行收集和分析的设想来自于管理咨询公司麦肯锡，2011 年 6 月，其发布的关于"大数据"的报告，对大数据的影响、关键技术和应用领域等都进行了详尽的分析，受到了各行各业关注。2012 年，牛津大学教授 Viktor Mayer Schnberger 在其畅销著作《大数据时代》中指出，数据分析将从"随机采样""精确求解"和"强调因果"的传统模式演变为大数据时代的"全体数据""近似求解"和"只看关联不问因果"的新模式，从而引发商业应用领域对大数据方法的广泛思考与探讨。2011 年 12 月，中国工信部发布的物联网"十二五"规划正式提出海量数据存储、数据挖掘、图像视频智能分析等大数据技术。这一阶段，技术进步的巨大鼓舞重新唤起了人们对于大数据的热情，人们开始对大数据及其相应的产业形态进行新一轮的探索创新，推动大数据走向应用发展的新高潮。

3. 大数据爆发阶段

大数据于 2012 年、2013 年达到其宣传高潮，2014 年后概念体系逐渐成形，对其认知亦趋于理性。大数据相关技术、产品、应用和标准不断发展，逐渐形成了包括数据资源与 API、开源平台与工具、数据基础设施、数据分析、数据应用等板块构成的大数据生态系统，并持续发展和不断完善，其发展热点呈现了从技术向应用、再向治理的逐渐迁移。

但是，在这一阶段大数据产业发展良莠不齐，一些地方政府、社会企业、风险投资公司不切实际一窝蜂发展大数据产业，其中不乏一些别有用心的机构有意炒作并通过包装大数据概念来牟取不当利益。在此过程中，获取数据能力薄弱、处理非结构化数据准确率低、数据共享存在障碍等问题逐渐暴露。

4. 大数据成熟阶段

自 2017 年至今，与大数据相关的政策、法规、技术、教育、应用等发展因素开始逐步完善，计算机视觉、语音识别、自然语言理解等技术的成熟消除了数据采集障碍；政府和行业推动的数据标准化进程逐渐展开，减少了跨数据库数据处理的阻碍；以数据共享、数据联动、数据分析为基本形式的数字经济和数据产业蓬勃兴起，市场上逐渐形成了涵盖数据采集、数据分析、数据集成、数据应用的完整、成熟的大数据产业链；以数据利用的服务形式贯穿于生活的方方面面，有力地提高了经济社会发展智能化水平，有效地增强了公共服务和城市管理能力。

经过多年来的发展和沉淀，人们对大数据已经形成基本共识：大数据现象源于互联网及其延伸所带来的无处不在的信息技术应用以及信息技术的不断低成本化。大数据泛指无法在可容忍的时间内用传统信息技术和软硬件工具对其进行获取、管理和处理的巨量数据集合，具有海量性、多样性、时效性及可变性等特征，需要可伸缩的计算体系结构以支持其存储、处理和分析。

大数据的价值本质上体现为：提供了一种人类认识复杂系统的新思维和新手段。就理论而言，在足够小的时间和空间尺度上对现实世界数字化，可以构造一个现实世界的数字虚拟映像，这个映像承载了现实世界的运行规律。在拥有充足的计算能力和高效的数据分析方法的前提下，对这个数字虚拟映像的深度分析，将有可能理解和发现现实复杂系统的运行行为、状态和规律。应该说，大数据为人类提供了全新的思维方式和探知客观规律、改造自然和社会的新手段，这也是大数据引发经济社会变革最根本的原因。

3.1.2　大数据的研究方法

大数据研究方法的核心是数据驱动方法，与传统的基于机理的研究方法相比，在研究方法和流程上都有所不同，如图 3-1 所示。

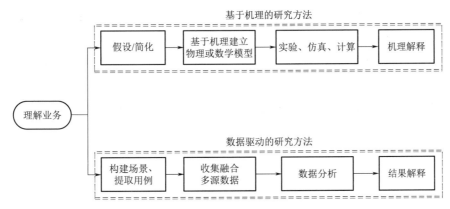

图 3-1　传统研究方法和大数据研究方法的对比

1. 传统的研究方法

传统研究方法是基于机理的研究方法，具体分为如下 4 个步骤：

（1）根据大量的先验知识，对研究对象的物理本质获得尽可能深入的了解，在此基础上建立物理实验模型或数学模型，通常需要作出诸多假设，并进行适当的简化。例如，在大电网的安全稳定分析中，通常将 220kV 电压等级以下的配电网均简化为负荷模型来进行仿真模拟，并在全网采用统一的负荷模型。

（2）建立物理模型和数学模型。在建立物理模型时，往往需要做出一定的等值和缩微处理。在数学模型建立时，有时还需进行线性化、离散化等处理。在参数选择时，由于缺少详细数据，需要采用一些典型参数以便参与后续计算。

（3）基于物理模型、数学模型进行科学实验、数值仿真和数值计算。电力系统相关的研究包括高压设备实验、电力系统安全稳定仿真、短路电流计算等，数模混合实验在研究直流控制策略等方面也发挥了重要作用。

（4）研究结果分析。针对实验研究、仿真和计算结果，需要做出机理性解释。有时为了支撑机理解释的正确性，需要对仿真计算结果再次进行可重现科学实验。

2. 大数据研究方法

大数据研究方法是以多源数据融合为基础，采取数据驱动的研究方法，同样包含 4 个步骤：

（1）构建场景、提取用例。依据一定的先验知识，对需要研究的对象或问题进行分析，建立应用场景，分解成用例，明确所需数据。数据驱动方法通常将研究对象看作一个黑匣子，只需要了解输入数据和输出数据，便可通过一定的数据分析方法开展研究。

（2）收集数据并实现多源数据融合。大数据分析方法强调数据的整体性。大数据是由大量的个体数据组成的一个整体，其中的各个数据不是孤立存在，而是有机地结合在一起。如果把整体数据割裂开来，大数据的实际应用价值将会极大地被削弱，而将零散的数据加以整理并形成一个整体，通常会释放出巨大的价值。数据融合是大数据研究过程的难点。

（3）数据分析。针对场景和用例，基于融合后的数据进行分析，需针对应用场景和用例，选择合适的分析方法。数据分析是大数据研究过程的关键环节。

（4）结果解释。研究结果反映研究对象的内在规律性、相关因素的相互关联性或发展趋势，应对研究结果给予解释，需要时进行灵敏性分析。

3. 两种方法对比

传统研究方法物理概念清晰，已形成了系统方法论，在科学技术发展中发挥了重要的作用，但对于复杂系统却存在一定的局限性：一是在建立复杂系统模型时，需要作出一些理想假设和简化，在某些情况下存在着较大的误差甚至错误；二是对难以基于机理建模的系统，不具有适用性；三是分析是片段的、局部的，难以反映宏观性的时空关联特性。

大数据方法不依赖机理，可将历史和现在的数据综合进行分析，可得到多维度宏观性、时空关联特性。大数据方法目前还不成熟，尚未形成系统性方法论，需经过长期的发展完善才能发挥应有的作用。

大数据方法与传统研究方法不对立、不冲突，大数据方法进一步推动了科学研究体系的建设，并促进了科学研究方法的发展。

3.1.3 大数据技术的应用

近年来，全球大数据的发展仍处于活跃阶段。根据国际权威机构 Statista 的统计，全球数据量在 2019 年达到了 41ZB。2019 年以来，全球大数据技术、产业、应用等多方面的发展呈现了新的趋势，正在步入新的阶段。

1. 国外应用情况

Google 公司作为全球最大的信息检索公司，走在了大数据研究的前沿。Google 从横向进行扩展，通过采用廉价的计算机节点集群，改写软件，使之能够在集群上并行执行，解决海量数据的存储和检索功能。Google 大数据处理的关键技术为文件系统 GFS、MapReduce、Bigtable 和 BigQuery。Google 的技术也为其他公司提供了很好的参考方案。

惠普的 HAVEn 平台提供了大量的应用开发接口（API），能够从各种数据源进行集成，分析各种类型数据，如传统数据仓库、机器生产数据、电子邮件、文本数据以及企业外部的社交媒体数据。惠普希望通过 HAVEn 与合作伙伴共同打造一套完整的大数据分析生态系统，让更多应用解决方案落地到行业。它可以充分利用惠普的分析软件、硬件和服务，创建新一代为大数据打造的分析应用和解决方案。

全球领先的大数据分析和数据仓库解决方案厂商 Teradata 发布的业内首款整合大数据分析平台 Teradata Aster，支持用户透明地访问 Hadoop 平台，为广大知识型员工提供独特的业务分析功能；预先封装的多项即开即用分析功能，能够在数小时内快速实现数字营销优化、社交网络分析、欺诈侦测及机器生成数据的分析等。该平台的数据吞吐量及分析速度分别比市场上其他典型平台提高 19 倍及 35 倍，能够支持极度密集的复杂分析计算，比现有其他产品更加简洁。

IBM 推出的 InfoSphere 大数据分析平台集成了数据仓库、数据库、数据集成、业务流程管理等组件，包括 BigInsights 和 Streams 两个互补的子平台。BigInsights 对大规模的静态数据进行分析，它提供多节点的分布式计算，可以随时增加节点，提升数据处理能力；Streams 采用内存计算方式分析实时数据。同时，BigInsights 基于 Hadoop，增加了文本分析、统计决策工具，在可靠性、安全性、易用性、管理性方面提供了工具支撑，并且可与 DB2、Netezza 等集成，这使大数据平台更适合企业级的应用。

2. 国内应用情况

大数据在国际上已经有了很广泛的应用，并带来了巨大的经济效益，国内各个企业也纷纷开展自己的大数据布局。目前大数据在国内各行各业也得到了广泛的应用，包括电子地图、电子商务、电信、互联网、媒资、高性能计算、金融等行业和领域都有应用。

阿里巴巴于 2009 年创立了阿里云❶，致力于以在线公共服务的方式，提供安全、可靠的计算和数据处理能力，让计算和人工智能成为普惠科技。阿里云数加提供了大量的大数据产品，包括大数据基础服务、数据分析及展现、数据应用、人工智能等产品与服务。这些产品均依托于阿里云生态，在阿里内部经历过锤炼和业务验证，可以帮助组织迅速搭建自己的大数据应用及平台。2020 年 1 月，阿里云获得国家技术发明奖、国家科技进步奖两项国家大奖，实现了互联网公司在国家技术发明奖上零的突破。

百度点石❷是百度大脑面向企业客户的大数据服务开放平台，融合了百度大数据全栈技术能力，将复杂多样的大数据工具打通适配，形成数据处理、加工与应用的一站式开发服务。通过点石平台，开发服务商可集成并应用多领域（舆情分析、知识管理等）核心组件能力，将其快速组合、灵活定制为终端应用产品，部署在公有云上并通过市场触达客户。旨在赋能金融、汽车、教育、互联网等行业客户，解决风险控制、精准营销等场景的业务需求，打破数据孤岛，充分释放数据价值。

腾讯大数据业务从 2009 年开始，经历了离线计算、实时计算与机器学习 3 个阶段。随着数据挖掘、数据应用的深入，腾讯大数据经自我迭代，于 2016 年推出与北京大学联合研发的自研机器学习平台 Angel，专攻复杂计算场景，可进行大规模的数据训练，支撑内容推荐、广告推荐等 AI 应用场景，兼顾了工业界的高可用性和学术界的创新性。如今，Angel 已在 QQ、微信支付、腾讯广告、腾讯视频等腾讯旗下产品中广泛应用，并向微众银行等行业合作伙伴全面开放，普遍适用于智能推荐、金融风险评估等图计算业务场景。

华为云❸用在线的方式将华为 30 多年在 ICT 基础设施领域的技术积累和产品解决方案开放给客户，致力于提供稳定可靠、安全可信、可持续创新的云服务，做智能世界的"黑土地"，推进实现"用得起、用得好、用得放心"的普惠 AI。华为云作为底座，为华

---

❶ https：//www.aliyun.com/？spm＝5176.14478376.amxosvpfn.2.350f58c7L6AW3A

❷ https：//dianshi.bce.baidu.com/index

❸ https：//www.huaweicloud.com/

为全栈全场景 AI 战略提供强大的算力平台和更易用的开发平台。

高德地图作为数字地图、导航和位置服务解决方案提供商,掌握了大量的行业运营车辆 GPS 数据以及高德用户数据,并与各城市交管部门合作,掌握了众多交通信息数据。同时,高德通过与阿里巴巴、滴滴、大众点评等第三方资源进行合作,进行充分、有效的数据共享交换,使得双方的数据资源都得到了充分的补充和扩展,为之后进一步的数据挖掘和分析提供了一个良好的环境。

中国科学院计算机网络信息中心研发了中科院科学数据库❶。"十三五"期间,已建成具有 PB 级数据管理能力的大数据管理平台,实现了十类以上主流大数据管理处理系统的一键式部署、配置管理和监控;建成数据分析软件云服务平台,已实现四类共性的数据挖掘算法与工具软件云服务。通过技术优化和系统扩展,已初步具备了支撑亿级数据对象关联管理能力。科学数据库持续积累与服务提升,建设了 7 个学科领域重点数据库及 20 个特色数据库,采用"绩效评估、运行补贴"的模式,完善了科学数据资源体系建设,促进了新技术与学科领域的融合示范持续推动。

3.2 核心技术

当人们提到大数据时,往往指的是数据和大数据技术的结合。大数据技术是指伴随着大数据的采集、存储、分析、应用和结果呈现的相关技术,是一系列使用非传统工具来对大量的结构化、半结构化和非结构化数据进行处理,从而获得分析和预测结果的一系列数据处理和分析技术。从数据分析全流程的角度,大数据技术主要包括数据采集、数据预处理与多源数据融合、数据存储、数据管理与计算平台、数据分析与可视化、数据安全和隐私保护等几个层面的内容。

3.2.1 数据采集和预处理技术

大数据采集技术就是对数据进行 ETL (Extract Transform Load) 操作,通过从数据来源端对数据进行提取、转换、加载到目的端进行处理分析,然后提供给用户解决方案或者决策参考。

1. 大数据采集

数据采集位于数据分析生命周期的重要一环,它通过采集传感器数据、社交网络数据、移动互联网数据等方式获得各种类型的结构化、半结构化及非结构化的海量数据。由于数据种类错综复杂,在进行数据分析前必须通过提取技术,从复杂的原始格式数据提取需要的数据。在现实生活中,数据产生的种类很多,并且不同种类的数据产生的方式不同。对于大数据采集系统,主要分为以下三类系统:

(1) 日志采集系统。

许多公司的业务平台每天都会产生大量的日志数据。通过对这些日志信息进行日志采集,然后进行数据分析,挖掘公司业务平台日志数据中的潜在价值,可以为公司决策

---

❶ http://www.cas.cn/ky/kycc/kxsjk/

和公司后台服务器平台性能评估提供可靠的数据保证。

（2）网络数据采集系统。

通过网络爬虫和一些网站平台提供的公共 API（如 Twitter 和新浪微博）等方式从网站上获取数据。这样就可以将非结构化数据和半结构化数据从网页中提取出来。

（3）数据库采集系统。

企业每时每刻产生的业务数据，以一条记录的形式被直接写入数据库中。通过数据库采集系统直接与企业业务后台服务器结合，可以将企业业务后台每时每刻产生的大量业务数据写入数据库中，最后由特定的处理分析系统进行系统分析。

2. 数据预处理

采用相应的设备或软件将分散在各处的数据采集过来后，通常无法直接用于后续的数据分析。由于来源众多、类型多样，数据缺失和语义模糊等问题是不可避免的，因而必须采取相应措施有效解决这些问题，这就需要进行数据预处理，把数据变成可用的状态。

（1）数据清洗。

由于数据源头的采集可能不准确，所以对提取后的数据必须进行清洗，对于那些不正确的数据进行过滤、剔除。通用的数据清洗框架由五步骤构成：定义错误类型、搜索并标识错误实例、改正错误、文档记录错误实例和错误类型、修改数据录入程序以减少未来的错误。此外，格式检查、完整性检查、合理性检查和极限检查也在数据清洗过程中完成。数据清洗对保持数据的一致和更新起着重要的作用，因此被用于如银行、保险、零售、电信和交通等多个行业。

数据清洗对随后的数据分析非常重要，因为它能提高数据分析的准确性。但是数据清洗依赖复杂的关系模型，会带来额外的计算和延迟开销，必须在数据清洗模型的复杂性和分析结果的准确性之间进行平衡。

（2）多源数据融合。

对于一个给定的系统，不同的信息来源不一定只支持一个特定的决定，数据融合利用来自多个数据源的异构数据，来获得综合性、协作性推断。通常情况下，通过协作获得的推断比单独的数据来源或决策人员所做的决策更好。

数据融合的目的是通过聚合来自多个信息源的证据，减少决策中的不确定性，从而改善最终决策的质量。更重要的是，这种技术应该有效地利用资源之间的冗余和补充性，从而在全局视图中实现最优的系统性能。但是多源数据之间不同程度的数据相关联或者冲突是无法避免的，这就需要相应的数据融合技术按照一定的规则对数据信息进行处理，充分利用数据之间的联系又充分考虑数据各自的独特性来提高决策结果的精确度。

数据融合一般包括检测、结合、关联、估计和组合等操作，不同的数据融合技术有不同的操作流程。数据融合结构分类的方法有多种，一种常见的分类方法可分为数据级融合、特征级融合和决策级融合。

（3）数据变换。

针对不同的应用场景，对数据进行分析的工具或者系统不同，还需要对数据进行数据转换操作，即规范化处理，最终按照预先定义好的数据仓库模型，将数据加载到数据仓库中去。常见的数据变换包括特征二值化、特征归一化、连续特征变化等。

特征二值化的核心在于设定一个阈值，将特征与该阈值比较后，转化为 0 或 1（只考虑某个特征出现与否，不考虑出现次数和程度），它的目的是将连续数值细粒度的度量转化为粗粒度的度量。特征归一化也叫做数据无量纲化，主要包括总和标准化、标准差标准化、极大值标准化、极差标准化。但是，基于树的方法是不需要进行特征归一化的，而基于参数的模型或基于距离的模型都需要进行特征归一化。连续特征变换的常用方法又可以分为 3 种：即基于多项式的数据变换、基于指数函数的数据变换、基于对数函数的数据变换。连续特征变换能够增加数据的非线性特征与捕获特征之间的关系，有效提高模型的复杂度。

（4）数据规约。

在对数据进行了清洗、融合与转换后，能够得到整合了多数据源同时数据质量完好的数据集。但是，上述步骤无法改变数据集的规模，依然需通过技术手段降低数据规模，这就是数据规约。

数据规约采用编码方案，能够通过小波变换或主成分分析有效地压缩原始数据，或者通过特征提取技术进行属性子集的选择或重造。数据规约方法类似数据集的压缩，它通过维度的减少或者数据量的减少，来达到降低数据规模的目的。数据压缩有无损压缩与有损压缩。方法主要有两种：①维度规约，减少所需自变量的个数，代表方法为 WT、PCA 与 FSS；②数量规约，用较小的数据表示形式替换原始数据，代表方法为对数线性回归、聚类、抽样等。

3.2.2 数据存储技术

数据经过预处理以后，会被存放到文件系统或数据库系统中进行存储与管理。大量多态异构数据的高效、可靠、低成本存储模式是大数据的关键技术之一，对多源多态数据流之间的交互索引与转换效率影响很大。

1. 数据库

数据库通常用来存储结构化数据，这些数据有明确的定义格式。在过去的几年中，已经发布了许多数据库，可供选择的数据库每年都在增长。这些数据库中有许多是为特定类型的数据模型和工作任务设计的。其中一些支持多种模型，通常被归类为多模型数据库，了解各类数据库的特点有助于在设计应用时选择正确的数据库。微软 Azure 系统架构师 Boris Scholl 在《云原生：运用容器、函数计算和数据构建下一代应用》一书中将数据库分为了七类。

（1）键值数据库。

键值数据库是一种非关系型数据库，它使用简单的键值方法来存储数据。键值数据库将数据存储为键值对集合，其中键作为唯一标识符，键和值都可以是从简单对象到复杂复合对象的任何内容。使用键值数据库时，选择键很重要，因为这将对数据存储的规模和读写性能产生重大影响。

键值数据库可以被看作一个非常大的哈希表，该表在唯一的键下存储了一些值。存储的值可以通过键或者部分键高效地检索。因为该值对于数据库是不透明的，所以，如果需要按值来查找一条记录就需要逐条扫描。键值数据库中的键可以包含多个元素，甚至可以排序以提高查询效率。一些键值数据库允许使用键的前缀进行查找，从而可以使用复合键。

优点：键值数据库通常是比较便宜的，具有高度可伸缩性的数据存储，并且允许以其他类型的数据库无法实现的规模进行水平扩展。通常，只需要使用主键甚至是部分键来检索应用程序的数据。

（2）文档数据库。

文档数据库区别于传统的其他数据库，它用来管理文档。在传统的数据库中，信息被分割成离散的数据段，而在文档数据库中，文档是处理信息的基本单位。一个文档可以很长、很复杂，可以无结构，与字处理文档类似。一个文档相当于关系数据库中的一条记录。文档数据库和键值数据库类似，通过主键存储文档；但与键值数据库不同的是，文档数据库中的文档需要符合某些定义好的结构，而键值数据库几乎可以存储任意值（如二进制块、文本、JSON、XML 等）。

通常存储在文档数据库中的值是哈希图（JSON 对象）和列表（JSON 数组）的组合，JSON 格式在文档数据库中很常用。传统关系型数据库（如 PostgreSQL）存储的数据大部分也可以存储在文档数据库中。但与关系型数据库不同的是，这些存储的文档可以很好地映射成编程语言中的对象，并且不需要对象关系映射（ORM）工具。

优点：文档数据库通常不强制要求定义数据模式（Schema），这对于在软件持续交付（CD）过程中需要更新数据模式的情形具有一定的优势。

（3）关系型数据库。

关系型数据库将数据组织到称为"表"的二维结构中，该结构由列和行组成。一张表中的数据可以与另一张表中的数据有关联，关系型数据库系统可以保证这种关联，关系模型由关系数据结构、关系操作集合和关系完整性约束三部分组成的。这类数据库通常有强制执行的严格模式，也称为"写时模式（Schema on write）"，在该模式中，向数据库写入的数据必须符合数据库中定义的结构。

关系型数据库出现较早，迄今为止，最流行和最常用的数据库仍然是关系型数据库。主流的关系型数据库有 Oracle、DB2、MySQL、Microsoft SQL Server、Microsoft Access等。这些数据库已经非常成熟，可以处理包含大量关系的数据，并且有大量配套的使用工具和应用生态系统。

优点：在文档数据库中可能很难使用多对多关系，但是在关系型数据库中却非常简单。如果应用的数据具有很多关系，尤其是有事务处理的需求，那么这些数据库可能很适用。

（4）图数据库。

图数据库是一种非关系型数据库，它应用图形理论存储实体之间的关系信息。图数据库存储两种类型的信息，即边和节点，可以把节点看作实体，而边定义了实体之间的关系。每个节点都有一个唯一的标识符、输入和/或输出，以及属性或键值对；每个边也有唯一的标识符、属性、起始节点和结束节点（即边是具有方向性的）。图数据库通过这些节点、边和属性来表示和存储数据，数据项通过与节点和边的集合相关联，可以将存储区中的所有数据链接在一起。由于图数据库中的每个元素都包含指向其相邻元素的直接指针，所以在图数据库中不需要依赖传统的索引查找。

图数据库中，节点间的关系占据了首要地位。由于关系信息是永久存储在数据库中的，因此对关系的查询速度可以很快。同时，图数据库由于可以直观地展示数据间的关系，所以其在高度互联的数据集中非常有用。目前主流的图数据库有 Neo4j、Microsoft Azure Cosmos DB、OrientDB、ArangoDB、Virtuoso 等。图数据库是当前的研究热点，越来越多的公司开始进入图数据库领域，研发自己的图数据库系统。

优点：图数据库可以很好地分析实体之间的关系，支持海量复杂数据之间的关系运算。相对于关系数据库中的各种关联表，图形数据库可以通过关系的属性提供更为丰富的关系展现方式，在对事物进行抽象时拥有更加丰富的关系。

（5）列族数据库。

列族数据库是一种非关系型数据库，可以存储关键字及其映射值，并且可以把值分成多个列族，让每个列族代表一张数据映射表（Map of data）。其表现形式与关系型数据库有些相似，可以将列族数据库视为行和列组成的表格数据，但是列被分了组，因此称为列族；族里的行则把许多列数据与本行的"行键"（Row key）关联起来。列族数据库的各行不一定要具备完全相同的列，并且可以随意向其中某行加入一列。

列族用来把通常需要一并访问的相关数据分成组，每个列族包含一组逻辑上相关的列，通常作为一个单元进行检索或操作。能被单独访问的数据可以存储在单独的列族中。在一个列族中，通过对每个键值对增加一个"时间戳"，可以无冲突地动态添加新列，并且行可以是稀疏的（也就是说，行不需要在每个列下面都有值）。

优点：列族数据库能快速执行跨集群写入操作并易于扩展。由于集群中没有主节点，其中每个节点均可以处理读取与写入请求，便于进行分布式扩展。

（6）时序数据库。

时序数据库是针对时间进行优化的数据库，可根据时间来存储值。这些数据库通常需要支持大量的写操作。它们通常用于从大量数据源实时收集大量数据。时序数据模型一般会包含 3 个重要部分，即主体、时间点和测量值，因此写入时序数据库的每一条记录通常很小，但记录的数量很多，往往是百万甚至千万数量级终端设备的实时数据写入。这些数据写入后几乎不会再进行更新，而删除操作通常是批量进行的。

时序数据从时间维度上将孤立的观测值连成一条线，从而揭示状态量的变化趋势及规律。时序数据库在遥测、工业实时监测等场景中较为常用，这些数据都具有产生频率快、严重依赖于采集时间、测点多、信息量大等特点。时序数据库通常会提供数据保持、下采样以及根据数据使用模式的配置将数据保存到其他存储器中的功能。

优点：时序数据库通过使用特殊的存储方式，极大提高了时间相关数据的处理能力，使得时序大数据可以高效存储和快速处理海量时序大数据。相对于关系型数据库，它的存储空间减半，查询速度极大提高。

（7）搜索引擎。

搜索引擎主要由搜索器、索引器、检索器和用户接口四部分组成，搜索引擎数据库通常用于搜索保存在其他存储和服务中的数据。搜索引擎数据库可以对大量的数据建立索引，并提供近实时的索引查询。

除了搜索像网页这样的非结构化的数据外，许多应用程序还使用它为其他数据库中的数据提供结构化和即时搜索功能。有些数据库也能提供全文索引功能，但是搜索引擎还具备通过词干和泛化将单词缩减为词根的功能。

2. 分布式存储

随着数字化转型的深入，海量数据对存储提出了新的要求。传统存储虽然有技术成熟、性能良好、可用性高等优点，但面对海量数据，其缺点也越来越明显，如扩展性差、成本高等。为了克服上述缺点，满足海量数据的存储需求，市场上出现了分布式存储技术。分布式的目的在于追求高性能与高可用这两个特性。

分布式文件系统将大规模海量数据用文件的形式在不同的存储节点中保存多个副本，并用分布式系统进行管理。当某个存储节点出故障时，系统能够自动将服务切换到其他的副本，从而实现自动容错。分布式存储系统通过复制协议将数据同步到多个存储节点，并确保多个副本之间数据的一致性。其技术特点是为了解决复杂问题，将大的任务分解为多个小任务，通过让多个处理器或多个计算机节点参与计算来解决问题。

分布式数据库系统设计最理想的情况是满足 CAP 原理，即一致、可用、分区容错性。但是根据 CAP 的原理，即一个分布式系统不可能同时满足上面的所有性质，最优的设计也只能同时拥有其中的两个特性（即 CA、CP、AP 三选二）。普通关系型数据库对于分区容错性比较差，故属于 CA 组合，如 ORACLE 数据库。因为分区容错性是分布式数据库的一个根本条件，所以可以采用的只有 CP、AP 两种组合，其中 CP 对应一致性和分区容错性，而 AP 对应可用性和分区容错性。

分布式文件系统能够支持多台主机通过网络同时访问共享文件和存储目录，使多台计算机上的多个用户共享文件和存储资源。分布式文件系统架构更适用于互联网应用，能够更好地支持海量数据的存储和处理。基于新一代分布式计算的架构很可能成为未来主要的互联网计算架构之一。

分布式存储包含的种类繁多，除了传统意义上的分布式文件系统、分布式块存储和分布式对象存储外，还包括分布式数据库和分布式缓存等，但其架构无外乎于 3 种。

（1）中间控制节点架构。

以中间控制节点架构（Hadoop Distribution File System，HDFS）为代表的架构最为典型。在这种架构中，节点 NameNode 存放管理数据（元数据），节点 DataNode 存放业务数据，这种类型的服务器负责管理具体数据。如果客户端需要从某个文件读取数据，首先从 NameNode 获取该文件的位置（具体在哪个 DataNode），然后从该 DataNode 获取具体的数据。这种分布式存储架构可以通过横向扩展 DataNode 的数量来增加承载能力，也即实现了动态横向扩展的能力。

（2）完全无中心架构——计算模式（Ceph）。

Ceph 的特别之处在于以一个统一的系统同时提供了对象、块和文件存储功能，然后引入了称为 CRUSH 的新算法在后台动态地计算数据存储和读取的位置，而不是为每个客户端请求执行元数据表的查找，因此不需要管理一个集中式的元数据表。Ceph 把一切数据以对象的形式存储在对象存储设备（Object Storage Device，OSD）中，这是 Ceph 集群中存储实际用户数据并响应客户端读操作请求的唯一组件。读取时，通过 CRUSH 算法，计算出哪个归置组（Placement Group）应该持有指定的对象，然后进一步计算出哪个 OSD 守护进程持有该归置组，最后由主 OSD 从本地磁盘读取数据完成读请求并返回。现在，Ceph 已经被集成在主线 Linux 内核中，虽然目前 Ceph 可能还不适用于生产环境，但它对测试目的还是非常有用的。

（3）完全无中心架构——一致性哈希（Swift）。

与 Ceph 的通过计算方式获得数据位置的方式不同，一致性哈希方式就是将设备做成一个哈希环，然后根据数据名称计算出的哈希值映射到哈希环的某个位置，从而实现数据的定位，以 Swift 为代表的架构是其典型的代表。Swift 中存在两种映射关系，对于一个文件，通过哈希算法找到对应的虚节点（一对一的映射关系），虚节点再通过映射关系找到对应的设备（多对多的映射关系），这样就完成了一个文件存储在设备上的映射。

3.2.3　数据处理技术及相关平台技术

大数据的研究应用已逐步成为一项数据工程，数据处理技术是大数据技术的重要组成部分，且已发展出很多平台来支撑全生命周期内跨领域、异构大数据的管理、分析和处理等需求。

1. 数据的时间域

在处理系统中，计算数据时主要关心两种时间域：①事件时间，即事件实际发生的时间；②处理时间，即系统中观察事件发生的时间。在理想的世界里，事件时间和处理时间是相等的，即事件发生的时候就立即被处理了。

然而实际应用中并不是这么简单，事件时间与处理时间的偏差常常与输入源、执行引擎和硬件有关。能够影响时间偏差的因素包括：①共享资源的限制，如网络拥塞、网络分区或者是非专用环境下的共享 CPU；②软件原因，如分布式系统逻辑和争用等；③数据本身的特征，如密钥分配、吞吐率变化或无序变化（如乘客在飞机落地后才把手机由飞行模式调为正常模式）。

另外，事件时间和处理时间之间的时间差并不是固定的，这意味着当用户在分析数据时，如果与事件时间有关，那么就不能只分析当前观察到的数据，即处理时间。

2. 数据计算模式

大数据包括静态数据和动态数据（流数据），静态数据适合采用批处理方式，动态数据需要进行实时计算。

（1）批处理计算。

批处理即需要等待数据积累到一定量级时再计算。数据的批处理技术发展最早，应用也最为广泛。其最主要的应用场景就是传统的 ETL（Extract - Transform - Load，数据从来源端经过抽取、转换、加载至目的端）的过程，数据根据业务需求，按周期（如 15min、60min、天等）采集计算。这一过程使用数据库来承担，传统数据库的可扩展性遇到瓶颈后，就出现了 MPP 技术。Google 的研究员另辟蹊径，从传统的函数式编程里得到灵感，发明了 MapReduce，使得大规模扩展成为可能。Spark 一开始是为了替代 MapReduce，后来逐渐发展成为数据处理统一平台。

（2）流计算。

流数据也是大数据分析中的重要数据类型。流数据（或数据流）是指在时间分布和数量上无限的一系列动态数据集合体，数据的价值随着时间的流逝而降低，因此必须采用实时计算的方式给出秒级响应。流计算可以实时处理来自不同数据源的、连续到达的流数据，经过实时分析处理，给出有价值的分析结果。

Google 数据处理语言和系统小组的负责人 Tyler Akidau 于 2015 年在 O'Reilly 网站发布了两篇文章，对流计算技术进行了详细的讲解，他认为设计良好的流式系统实际上提供一种严格的超集给批处理。使流处理引擎等同甚至超越批处理引擎有以下两个必要条件。

1）正确性。"只处理一次"这个标准需要强一致性，这也是正确性的要求。本质上，正确性最终可归结于一致的存储。流式计算系统需要一种检查长久一致性的方法，由于机器故障仍然存在，这个系统必须被设计得足够好以保持一致性。

2）时间推理工具。优秀的时间推理工具对于无限、存在事件时间偏差的无序数据是重要的。有越来越多的现代数据集显示出这样的特征，而现在的批处理系统（也包括大部分的流系统）缺乏必要的工具来解决这些特性带来的问题。

目前业内已涌现出许多流计算框架与平台：第一类是商业级的流计算平台，包括 IBM InfoSphere Streams 和 IBM StreamBase 等；第二类是开源流计算框架，包括 Twitter Storm、Yahoo! S4（Simple Scalable Streaming System）、Spark Streaming 等；第三类是各公司为支持自身业务开发的流计算框架，如 Facebook 使用 Puma 和 HBase 相结合来处理实时数据，百度开发了通用实时流数据计算系统——DStream，淘宝开发了通用流数据实时计算系统——河流数据处理平台。

（3）图计算。

图（Graph）是一种重要的数据结构，它由节点 V（或称为顶点，即个体）、边 E（即个体之间的联系）构成。权重（D）指边的权重，或称开销、长度等。图数据的典型例子有社交网络、电力物联网等。对于社交网络来说，可以把用户看作顶点，用户之间建立的关系看作边。比如：微信的社交网络，是由节点（个人、公众号）和边（关注、点赞）构成的图；淘宝的交易网络，是由节点（个人、商品）和边（购买、收藏）构成的图。

"图计算"是以"图论"为基础的对现实世界的一种"图"结构的抽象表达，以及在这种数据结构上的计算模式。图数据结构很好地表达了数据之间的关联性，因此，很多应用中出现的问题都可以抽象成图来表示，以图论的思想或者以图为基础建立模型来解决问题。

为满足各类基于图数据分析计算的应用需求，谷歌基于 BSP（Bulk Synchronous Processing）框架提出了最早的图计算模型，将图计算转换为细粒度的节点计算。自此，BSP 模型成为之后各类图计算系统的基础。BSP 模型将迭代计算划分为多个超步（Superstep）运算，一次超步运算完成一轮迭代计算，"计算—通信—数据"3 个计算任务在超步内并行执行，并在每次超步运算结束后完成任务间的数据同步。BSP 模型为图计算模型面临的迭代图算法的分割和细粒度并行计算提供了解决思路。因此，由 BSP 模型抽象而来的模型成为图计算模型的经典框架。

（4）查询分析计算。

在大数据时代中，数据查询分析计算系统是最常见的系统。数据查询分析计算系统需要具备对大规模数据进行实时或准实时查询的能力，数据规模的增长已经超出了传统关系型数据库的承载和处理能力。正因为如此，数据查询分析计算系统是比较受欢迎的。就目前而言，主要的数据查询分析计算系统包括很多内容，如 Hive、Cassandra、HBase、Dremel 等。

Hive 是基于 Hadoop 的数据仓库工具，用于查询、管理分布式存储中的大数据集，提供完整的 SQL 查询功能，可以将结构化的数据文件映射为一张数据表；同时，Hive 提供了一种类 SQL 语言，这可以将 SQL 语句转换为 MapReduce 任务运行。

Cassandra 是开源的 NoSQL 数据库系统，有很好的可扩展性，并且 Cassandra 的数据模型是一种流行的分布式结构化数据存储方案。

HBase 是开源、分布式、面向列的非关系型数据库模型，实现了其中的压缩算法、内存操作和布隆过滤器。HBase 的编程语言为 Java，可以通过 Java API 来存取数据。

Impala 是运行在 Hadoop 平台上的开源的大规模并行 SQL 查询引擎，用户可以使用标准的 SQL 接口的工具查询存储在 Hadoop 的 HDFS 和 HBase 中的 PB 级大数据。

3. 大数据平台典型计算框架

（1）并行编程框架——MapReduce。

分布式并行编程框架 MapReduce 可以大幅提高程序性能，实现高效的批量数据处理。MapReduce 是由 Google 公司提出的一种面向大规模数据处理的并行计算模型和方法，它隐含了以下 3 层含义：

1）MapReduce 是一个基于集群的高性能并行计算平台（Cluster Infrastructure）。它允许用市场上普通的商用服务器构成一个包含数十、数百至数千个节点的分布和并行计算集群。

2）MapReduce 是一个并行计算与运行软件框架（Software Framework）。它提供了一个庞大但设计精良的并行计算软件框架，能自动完成计算任务的并行化处理，自动划分计算数据和计算任务，在集群节点上自动分配和执行任务以及收集计算结果，将数据分布存储、数据通信、容错处理等并行计算涉及的很多系统底层的复杂细节交由系统负责处理，大大减轻了软件开发人员的负担。

3）MapReduce 是一个并行程序设计模型与方法（Programming Model & Methodology）。它借助函数式程序设计语言 Lisp 的设计思想，提供了一种简便的并行程序设计方法，用 Map 和 Reduce 两个函数编程实现基本的并行计算任务，提供了抽象的操作和并行编程接口，以简单、方便地完成大规模数据的编程和计算处理。

（2）分布式计算框架——Spark。

基于内存的分布式计算框架 Spark，是一个可应用于大规模数据处理的快速、通用引擎，正以其结构一体化、功能多元化的优势，逐渐成为当今大数据领域最热门的大数据计算平台。Spark 由美国加州大学伯克利分校 AMP Lab 提出，其特点是基于内存进行计算且提出了弹性分布式数据集（Resilient Distributed Dataset，RDD）的概念，它具备像 MapReduce 等数据流模型的容错特性，并且允许开发人员在大型集群上执行基于内存的计算。

Spark 的功能涵盖了大数据领域的离线批处理、SQL 类处理、流式/实时计算、机器学习、图计算等各种小同类型的计算操作。与其他大数据平台相比，Spark 具有以下优势。

1) 速度。与 Hadoop MapReduce 相比，Spark 基于内存的运算速度要快 100 倍以上，而基于硬盘的运算速度也要快 10 倍以上。

2) 易用。Spark 支持 Java、Python、Scala 和 R 语言的 API，还支持超过 80 种高级算法。

3) 通用性。Spark 包含了 Spark SQL、Spark Streaming、SparkMLlib 及 Spark GraphX 等组件，为企业基于统一的平台处理小同类型的数据提供了一站式的解决方案。

4) 融合性。Spark 可以与其他开源产品融合，如可以使用 Hadoop 的 YARN 和 Apache Mesos 作为其资源管理和调度器，并且可以访问小同的数据，如 HBase、HDFS、S3 和 Cassandra 等。

（3）流计算框架——Storm。

面对需要处理来自高度动态来源实时信息的模型时，需要设计实现实时计算系统。实时计算系统需要满足低延迟、高性能、分布式、可扩展、容错等特性。流计算框架 Storm 就是这样一个处理引擎，可以有效解决流数据的实时计算问题。

Storm 是由 BackType 开发并被 Twitter 于 2011 年开源的分布式实时计算系统，能够简单、可靠地处理无界持续的流数据，并进行实时计算。其主要应用场景为实时分析、在线机器学习、持续计算、分布式 RPC、ETL 等，支持水平扩展，具有高容错性，可以确保每个消息都被处理到，而且具有很高的处理速度。在 Storm 集群中主要包含两种类型的节点，即控制节点（Master node）和工作节点（Worker node），在一个小的集群中，每个结可以达到每秒数以百万计消息的速度。同时，Storm 的部署和运维都很便捷，可以使用任意编程语言来开发应用。

（4）图计算框架——Pregel。

在实际应用中，存在许多图计算问题，如最短路径、集群、网页排名、最小切割、连通分支等，但是 MapReduce 不适合用来解决大规模图计算问题。图计算算法的性能直接关系到应用问题解决的高效性，尤其对于大型图（如社交网络和网络图）而言，因此新的图计算框架应运而生，Pregel 就是其中一个具有代表性的产品。

Pregel 由 Google 在 2010 年发表，是一种基于 BSP 模型实现的并行图处理系统。为了解决大型图的分布式计算问题，Pregel 搭建了一个可扩展的、有容错机制的平台，该平台提供了非常灵活的 API，可以描述各种各样的图计算。

在 Pregel 计算中，输入是一个有向图。每个顶点都有一个唯一标识（ID，String 类型），每个顶点都包含一个用户定义的、可以修改的对象代表顶点的值。有向边和边的起始顶点在一起。每条边也有一个用户定义的值和目的顶点的标识符。Pregel 的计算过程由一系列被称为超级步的迭代组成，在每个超级步中，计算框架都会针对每个顶点并行执行相同的用户自定义函数。

3.2.4 数据分析与可视化技术

大数据平台提供了数据管理与计算能力，下一步需采用数据挖掘工具对数据进行处理分析，然后采用可视化工具为用户呈现结果。

1. 数据挖掘和分析

大数据只有通过分析才能获取很多智能的、深入的、有价值的信息。越来越多的应用涉及大数据，而这些大数据的属性与特征，包括数量、速度、多样性等都是呈现了不断增长的复杂性，所以大数据的分析方法就显得尤为重要，可以说是数据资源是否具有价值的决定性因素。

大数据分析的理论核心就是数据挖掘，各种数据挖掘算法基于不同的数据类型和格式，可以更加科学地呈现出数据本身具备的特点，正是因为这些公认的统计方法使得深入数据内部、挖掘价值成为可能。另外，也是基于这些数据挖掘算法才能更快速地处理大数据。

大数据分析的使用者有大数据分析专家，同时还有普通用户，二者对于大数据分析最基本的要求是可视化。可视化分析能够直观地呈现大数据特点，同时能够非常容易被使用者所接受。

大数据分析离不开数据质量和数据管理，高质量的数据和有效的数据管理，无论是在学术研究还是在商业应用领域，都能够保证分析结果的真实和有价值。

数据挖掘和分析的相关技术大致可分为基于统计分析的方法、基于机器学习的方法以及基于人工智能的方法三类，但较难严格区分三类方法之间的界限，以下对三类技术中常用的方法进行简单介绍。

（1）基于统计分析的方法。

统计分析的方法是通过整理、分析、描述数据等手段，发现被测对象本质，甚至预测被测对象未来的一类方法。统计分析可以为大型数据集提供两种服务，即描述和推断。描述性的统计分析可以概括或描写数据的集合，而推断性统计分析可以用来绘制推论过程。

描述性统计法是大数据统计分析中最为常用的一种方法，以平均值、最小值、最大值、标准差等数据统计结果，反映出大数据的分布状况和集中趋势。数据分析人员能够根据描述性统计分析的结果，对分析目标的特征有个初步了解，以便后续深入挖掘。

关联性分析法对大数据间的关联性统计分析，也是较为基本的一种分析方法。通过对大量指标型数据进行关联性分析，探索各数据指标间的相互关系。常用的是以共线性角度来体现关联度，能够更好地发现数据指标体系中可能存在的异常指标值，借此对具体异常的数据进行优化，同时避免因关联度高导致探索影响因素的回归分析失真。

经过大数据描述性统计分析、关联分析后，回归分析法能够较好地探析影响数据质量的主要因素。回归分析法是确定两种或两种以上变量间相互依赖的定量关系的一种统计分析方法。按照涉及的变量多少，可分为一元回归分析和多元回归分析；按照因变量的多少，可分为简单回归分析和多重回归分析；按照自变量和因变量之间的关系类型，还可分为线性回归分析和非线性回归分析。

（2）基于机器学习的方法。

机器学习是一门多领域交叉学科，涉及概率论、统计学、逼近论、凸分析、算法复杂度理论等多门学科。专门研究计算机怎样模拟或实现人类的学习行为，以获取新的知识或技能，重新组织已有的知识结构，使之不断改善自身的性能。

决策树法是一种常用于预测模型的算法，它通过将大量数据有目的地分类，从中找到一些有价值的、潜在的信息。其主要优点是描述简单、分类速度快，特别适合大规模的数据处理。最有影响和最早的决策树方法是由 Quinlan 提出的著名的基于信息熵的 Id3 算法。

朴素贝叶斯算法是一种分类算法，被分类的每个数据特征都与任何其他特征的值无关。朴素贝叶斯分类器认为这些"特征"中的每个都独立地贡献概率，而不管特征之间的任何相关性。与其他常见的分类方法相比，朴素贝叶斯算法需要的训练很少，在进行预测之前必须完成的唯一工作是找到特征的个体概率分布的参数。

支持向量机算法基本思想可概括如下：首先要利用一种非线性的变换将空间高维化；其次在新的复杂空间取最优线性分类表面。支持向量机是统计学习领域中一个有代表性的算法，但它与传统方式的思维方法不同，而是利用输入空间、提高维度的方法将问题简短化，使问题归结为线性可分的经典解问题。

随机森林算法控制数据树生成的方式有多种，大多数时候数据分析人员更倾向选择分裂属性和剪枝方法，但这并不能解决所有问题，偶尔会遇到噪声或分裂属性过多的问题。基于这种情况，总结每次的结果可以得到袋外数据的估计误差，而后将它和测试样本的估计误差相结合以评估组合树学习器的拟合及预测精度。

（3）基于人工智能的方法。

1）神经网络方法具有良好的鲁棒性、自组织自适应性、并行处理、分布存储和高度容错等特性，非常适合解决数据挖掘问题，包括用于分类、预测和模式识别的前馈式神经网络模型；以 Hopfield 的离散模型和连续模型为代表，分别用于联想记忆和优化计算的反馈式神经网络模型；以 Art 模型、Koholon 模型为代表，用于聚类的自组织映射方法等。神经网络方法的缺点是"黑匣子"性，人们难以理解网络的学习和决策过程。

2）遗传算法是一种基于生物自然选择与遗传机理的随机搜索算法，是一种仿生全局优化方法。遗传算法具有的隐含并行性、易于和其他模型相结合等性质，使它在数据挖掘中被广泛应用。遗传算法的应用还体现在与神经网络、粗集等技术的结合上，如利用遗传算法优化神经网络结构，在不增加错误率的前提下，删除多余的连接和隐层单元；用遗传算法和 BP 算法结合训练神经网络，然后从网络提取规则等。

3）粒子群优化算法又译为粒群优化算法，是通过模拟鸟群觅食行为而发展起来的一种基于群体协作的随机搜索算法。粒子群中的每个粒子都代表一个问题的可能解，通过粒子个体的简单行为，群体内的信息交互实现问题求解的智能性。由于其操作简单、收敛速度快，因此在函数优化、图像处理、大地测量等众多领域都得到了广泛的应用。

4）蚁群算法是一种用来寻找优化路径的概率型算法，其基本思路：用蚂蚁的行走路径表示待优化问题的可行解，整个蚂蚁群体的所有路径构成优化问题的解空间。路径较短的蚂蚁释放的"信息素"量较多；随着时间的推进，较短的路径上累积的信息素浓度逐渐增高，选择该路径的蚂蚁个数也越来越多。最终，整个蚂蚁会在正反馈的作用下集中到最佳路径上，此时对应的便是待优化问题的最优解。这种算法具有分布计算、信息正反馈和启发式搜索的特征，本质上是进化算法中的一种启发式全局优化算法。

2. 大数据可视化技术

数据可视化的主要处理对象包括科学数据以及抽象的非结构化信息，结合数据分析的重要性与可视化技术的发展历程，数据可视化相应地可以分成 3 个分支，即科学可视化、信息可视化和可视分析。

（1）科学可视化。

科学可视化处理的对象包括各领域具有空间几何特征数据的时空现象，对测量、实验、模拟等获得的数据进行绘制，并提供交互分析手段。由于这些科学和工程领域中数据的空间特性和高度复杂性，可视化成为理解这些现象的基础。

可视化方法能够迅速、有效地简化和提炼数据，使科学家能够可视、直观地筛选大量的数据，理解数据的内涵。科学可视化本身已经成为一门独立的学科，研究如何更好地对科学数据进行表现和分析，同时科学可视化也已经成为其他众多科学领域研究的重要支柱之一。

（2）信息可视化。

信息可视化是一门研究非空间数据的视觉呈现方法和技术的学科，通过提供非空间复杂数据的视觉呈现，帮助人们理解大量数据中蕴含的信息。

信息可视化作为一个跨学科研究领域，综合地使用了计算机图形学、视觉设计、人机交互等学科中的技术和理论，也与统计学、数据挖掘、机器学习等有着相辅相成之处。信息时代正带给人们前所未有的复杂海量信息，而人处理和理解信息的能力是非常有限的。信息可视化正是一种帮助人们理解信息和获取知识的方式，其中的交互方法允许用户与数据快速交互，更好地验证假设和发现内在联系，从而为人们提供理解高维度、多层次、时空、动态、关系等复杂数据的窗口。

（3）可视分析。

可视分析作为信息可视化与科学可视化领域最新发展的产物，主要包含四部分核心内容，即分析推理技术、视觉呈现和交互技术、数据表示和转换技术以及支持产生、表达和传播分析结果的技术。

可视分析技术整合了不同领域的理论、方法和工具，提供先进的分析手段、交互技术和可视表达。人们通过使用可视分析技术和工具，可以从海量、动态、不确定甚至包含相互冲突的数据中整合信息，获取对复杂情景的更深层理解。同时，可视分析技术允许人们对已有预测进行检验，并对未知信息进行探索，提供了快速、可检验和易于理解的评估方法以及更有效的交流手段。

3.2.5 数据安全与隐私保护

在整个数据处理过程中，还必须注意隐私保护和数据安全问题。当前，人们在互联网上的一言一行都掌握在互联网商家手中，包括购物习惯、好友联络情况、阅读习惯、检索习惯等。多个实际案例说明，即使无害的数据被大量收集后，也会暴露个人隐私。

1. 数据安全

大数据安全涉及两个方面：大数据自身的安全和大数据助力于信息安全。其中，大数据自身的安全又包括 4 个层面：一是设备可靠，处理大规模数据涉及的设备众多，设备可靠性成为大数据安全的基础问题；二是系统安全，大数据平台庞大的计算环境存在系统复杂、运行不稳定的风险；同时大数据分析过程中产生的知识和价值容易引发黑客攻击，因此大数据系统需要完善安全机制；三是数据可信，大数据挖掘通常需要依赖云计算平台的存储和计算能力，因此可能会出现数据被云服务商破坏和窃取的情况，而大数据来源的繁杂性也使得对数据的合规性和真实性检查成为必要，这类数据的真实性、客观性有待商榷；四是隐私保护，这是大数据大量、多源特征引发的新问题。过去人们发布数据时只是简单地隐藏部分敏感信息，但大数据技术出现后，一些较为隐秘的信息都有可能被挖掘出来，因此，需要更为先进、强大的技术手段，能够在不侵犯用户隐私的前提下对大数据进行有效的分析、开放和共享。

对大数据挖掘与分析的前提是采集足够多的数据，其后的集成、分析、管理都构建于数据采集基础之上。企业每时每刻都在产生大量的数据，但是这些数据在采集、过滤、整合、提炼过程中常常涉及采集合规、敏感信息、隐私数据、传输安全、接口安全等问题。

大数据安全的技术研究又可以从两个方向开始：一是确保大数据安全的关键技术，涉及数据业务链条上的数据产生、存储、处理、价值提取、商业应用等环节的数据安全防御和保护技术；二是利用涉及安全信息的大数据在信息安全领域进行分析与应用，涉及安全大数据的收集、整理、过滤、整合、存储、挖掘、审计、应用等环节的关键技术。

2. 隐私保护

如何在不泄露用户隐私的前提下，提高大数据的利用率，挖掘大数据的价值，是目前大数据研究领域的关键问题，将直接关系到大数据的民众接受程度和进一步发展的走向。具体而言，实施大数据环境下的隐私保护，需要在大数据产生的整个生命周期内考虑两个方面：一方面是如何从大数据中分析挖掘出更多的价值；另一方面是如何保证在大数据的分析使用过程中，用户的隐私不被泄露。有时数据发布者恶意挖掘大数据中的隐私信息，此种情况下，更需要加强对数据发布时的隐私保护，以达到数据利用和隐私保护二者之间的折中。

在维基百科中，隐私的定义是个人或团体将自己或自己的属性隐藏起来的能力，从而可以选择性地表达自己。隐私以信息本体和属性为基础，包含时间、地点、来源和使用对象等多个因素。具体什么被界定为隐私，不同的文化或个体可能有不同的理解，但主体思想是一致的，即某些数据是某人（或团体）的隐私时，通常意味着这些数据对他们而言是特殊的或敏感的。可认为，隐私是可确认特定个人（或团体）身份或其特征，但个人（或团体）不愿被暴露的敏感信息。

在大数据发布、存储、挖掘和使用的整个生命周期过程中，涉及数据发布者、数据存储方、数据挖掘者和数据使用者等多个数据的用户，因此数据在各阶段都面临着隐私泄露的风险，需要采用隐私保护技术保障用户信息的安全。

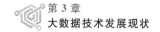

（1）数据发布。

数据发布者即采集数据和发布数据的实体，包括政府部门、数据公司、网站或者用户等。与传统针对隐私保护进行的数据发布手段相比，大数据发布面临的风险是，大数据的发布是动态的，且针对同一用户的数据来源众多、总量巨大，可以通过数据匿名化，在共享数据集内容之前先剔除其中的身份信息，再进行发布。可采用的技术包括 k -匿名、l - diversity 匿名、t - closeness 匿名、个性化匿名、m - invariance 匿名、基于"角色构成"的匿名等。针对无意间将自己的个人信息交予数据库的用户，数据代理机构通常会采取一些预防性措施，如向集合中引入随机"噪声"数据或者利用常规标识替换特定细节、处理完成之后再发布或者出售这部分信息。

但有研究表明，由于大部分常用的匿名化技术起源于 20 世纪 90 年代，也就是互联网快速发展之前，这些匿名技术并没有考虑到互联网在收集个人健康、财务、购物以及浏览习惯等细节方面的强大能力。随着可用属性数量的增加，群体唯一性判断准确度也将快速提升，因此匿名化技术在隐私保护方面的作用正被逐渐削弱。

（2）数据存储。

在大数据时代，数据存储方一般为云存储平台，与传统数据的拥有者自己存储数据不同，大数据的存储者和拥有者是分离的，云存储服务提供商并不能保证是完全可信的。用户的数据面临着被不可信的第三方偷窥数据或者篡改数据的风险。加密方法是解决该问题的传统思路，但是，由于大数据的查询、统计、分析和计算等操作也需要在云端进行，为传统加密技术带来了新的挑战。数据存储时防止隐私泄露经常采取的一些方法包括同态加密技术、混合加密技术、基于 BLS 短签名 POR 模型、DPDP、Knox 等。

目前，我国数据库加密技术已经比较成熟。一个行之有效的数据库加密技术主要有以下 6 个方面的功能和特性，即身份认证、通信加密与完整性保护、数据库数据存储加密与完整性保护、数据库加密设置、多级密钥管理模式和安全备份。

（3）数据挖掘。

数据挖掘者即从发布的数据中挖掘知识的人或组织，他们往往希望从发布的数据中尽可能多地分析挖掘出有价值的信息，这很可能会分析出用户的隐私信息。在大数据环境下，由于数据存在来源多样性和动态性等特点，在经过匿名等处理后的数据，经过大数据关联分析、聚类、分类等数据挖掘方法后，依然可以分析出用户的隐私。

针对数据挖掘的隐私保护技术，就是在尽可能提高大数据可用性的前提下，研究更加合适的数据隐藏技术，以防范利用数据发掘方法引发的隐私泄露。现在的主要技术包括基于数据失真和加密的方法，如数据变换、隐藏、随机扰动、平移、翻转等技术。

（4）数据使用。

数据使用者是访问和使用大数据以及从大数据中挖掘出信息的用户，通常为企业和个人，其通过大数据的价值信息可以扩大企业利润或提高个人生活质量。在大数据的环境下，如何确保合适的数据及属性能够在合适的时间和地点，被合适的用户访问和利用，是大数据访问和使用阶段面临的主要风险。

为了解决大数据访问和使用时的隐私泄露问题，现在的技术主要包括时空融合的角色访问控制、基于属性集加密访问控制（Attribute - Based Encryption access control，

ABE)、基于密文策略属性集的加密 (Ciphertext Policy Attribute Set Based Encryption, CP - ASBE)、基于层次式属性集的访问控制 (Hierarchical Attribute Set Based Encryption, HASBE) 等。

3.3　发展趋势

大数据作为一种综合性科学和技术，仍在快速发展中。大数据技术发展表现出以下趋势。

3.3.1　基于大数据的思维模式和决策范式将逐步形成

大数据不仅是指面向海量、异构、复杂数据的各种处理、分析技术，也代表了一种颠覆性的思维方式，与数据驱动的思维模式相关联，将形成新的决策范式。揭示这一决策范式转变机理和规律的理论和方法，包括哲学思想、伦理道德体系等，也将逐步完善。

3.3.2　大数据与其他信息通信技术深度融合

大数据与物联网、移动互联网、云计算、雾计算、边缘计算等热点技术领域密切关联，将不断交叉融合，产生更多融合不同行业数据的综合性应用。大数据无法用单台计算机进行处理，需依托云计算的分布式处理、分布式数据库和云存储、虚拟化技术。移动互联网和物联网技术拓展了数据采集技术渠道，同时，物联网的发展催生了边缘式大数据处理模式，即边缘计算模型，其能在网络边缘设备上增加执行任务计算和提高数据分析的处理能力，将原有的云计算模型的部分或全部计算任务迁移到网络边缘设备上，降低云计算中心的计算负载，减缓网络带宽的压力，提高万物互联时代数据的处理效率。

大数据还将与信息物理系统 (CPS)、平行世界理论 (CPSS) 等学科交叉融合，CPS重点关注的网络安全问题，将为大数据的数据安全提供支持。

3.3.3　基于云雾协同的大数据分析平台将更加完善

云计算将原本相对独立的计算技术和网络技术进行融合，在融合的网络平台上叠加分布式计算能力，借助虚拟化技术对网络与计算资源进行有效整合。但云计算要求网络容量足够大，通信带宽足够宽，而且没有延迟，因而不适用于一些对实时计算、实时决策有较高要求的场合。雾计算是移动计算的载体，扩大了云计算的网络计算模式，将网络计算从网络中心扩展到网络边缘，从而可更加广泛地应用于各种服务。雾计算和云计算相互补充，形成云雾协同的大数据平台，将能更有效地分析、整合和利用物理分布的各种计算资源，大幅提升实时分析和优化能力。

3.3.4　智能分析将成为大数据价值体现的核心技术

深度学习、强化学习、迁移学习是新一代人工智能的代表，其在大数据分析中的应用将推动大数据向智能化应用迈进。这里谈到的智能，尤其强调是涉及人的相关能力延伸，如决策预测、精准推荐等。这些涉及人的思维、影响、理解的延展，都将成为大数

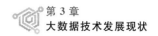
据深度分析的方向。

　　以深度学习为例。相比于传统机器学习算法，深度学习提出了一种让计算机自动学习产生特征的方法，并将特征学习融入建立模型的过程中，从而减少了人为设计特征引发的不完备。深度学习能够更加智能地提取数据不同层次的特征，对数据进行更加准确、有效的表达。而且训练样本数量越大，深度学习算法相对传统机器学习算法就越有优势。目前，深度学习已经在容易积累训练样本数据的领域，如图像分类、语音识别、问答系统等应用中获得了重大突破，并取得了成功的商业应用。预测随着越来越多的行业和领域逐步完善数据的采集和存储，深度学习的应用会更加广泛。深度强化学习则更进一步，不仅可认识环境，还可采取行动，更接近人类智能。

第 4 章
业务应用现状及场景展望

电力系统作为经济发展和人类生活依赖的能量供给系统，也具有大数据的典型特征。电力系统是最复杂的人造系统之一，其具有地理位置分布广泛、发电用电实时平衡、传输能量数量庞大、电能传输光速可达、通信调度高度可靠、实时运行从不停止、重大故障瞬间扩大等特点，这些特点决定了电力系统运行时产生的数据数量庞大、增长快速、类型丰富，完全符合大数据的所有特征，是典型的大数据。

在智能电网深入推进的形势下，电力系统的数字化、信息化、智能化不断发展，带来了更多的数据源。例如，智能电表从数以亿计的家庭和企业终端带来的数据，电力设备状态监测系统从数以万计的发电机、变压器、开关设备、架空线路、高压电缆等设备中获取的高速增长的监测数据，光伏和风电功率预测所需的大量历史运行数据、气象观测数据等。因此，在电力系统数据爆炸式增长的新形势下，传统的数据处理技术遇到瓶颈，不能满足电力行业从海量数据中快速获取知识与信息的分析需求，电力大数据技术的应用是电力行业信息化、智能化发展的必然要求。

国际上，2013 年美国电力科学研究院（EPRI）启动了两项大数据研究项目，即输电网现代化示范项目（TMD）和配电网现代化示范项目（DMD）。另外，C3Energy、Opower、SolarGIS、AutoGrid 等新生高科技公司也是能源电力大数据研发中的活跃力量。C3Energy 开发了能源分析引擎平台及电网分析包和电力用户分析包，并在近 20 家能源公司投入使用。Opower 公司结合行为科学、云数据平台、大数据分析，为用户提供用能服务，帮助售电公司建立更稳定的客户关系并实施需求响应。德国的未来能源系统（E-Energy）的技术促进计划，在 6 个示范项目中普遍利用了大数据技术，分别从促进可再生能源发展、开发商业模式、能源服务、能源交易及传统的化石能源如何融入能源互联网等方面推出了能源互联网初步解决方案。

在我国，2012 年，国家层面提出把"大数据"作为科技创新主攻方向之一。中国电机工程学会信息化专委会在 2013 年 3 月发布了《中国电力大数据发展白皮书》，将 2013 年定为"中国大数据元年"，掀起了电力大数据的研究热潮。2019 年 6 月，由国家电网有限公司牵头，联合中国南方电网有限责任公司、华能集团、大唐集团等 68 家单位共同发起成立了中国电力大数据创新联盟。联盟以"开放共享、融合创新、协同发展、共建共赢"为目标，深入贯彻落实国家大数据战略，致力于搭建电力大数据"产学研用"创新平台，推进电力大数据技术创新和产业协作，建立产学研上下游资源共享机制，推动标准及评价认证体系的建立，打造电力大数据生态圈，引领带动电力行业数字化转型，更好地服务于数字中国建设。

4.1 规划业务应用

4.1.1 业务应用需求

随着中国经济的快速发展，中国已成为世界最大的能源消费国，经济发展对电力的依赖程度持续加深，但电力供应能力始终受到两个关键不平衡因素的制约：一是能源资源分布不平衡，二是区域经济发展不平衡，电力规划工作就是要解决这种电力发展的不平衡、不充分问题。中国 80% 以上的能源分布在西部，但 70% 以上的电力消费集中在中东部。因此，最重要的任务之一就是分析把握关键因素，研判提炼未来一段时期电力发展的方向和重点任务，实现对电力行业健康可持续发展的纲领导向作用。

中国的电网经过上百年的发展，已取得了举世瞩目的成就。特别是进入 21 世纪以来，中国的电网迅速发展，供电可靠性和效率不断提升，电网技术也逐渐步入世界先进国家行列。目前，中国的电网规模已居世界第一位，且拥有世界最高的交、直流输送电压等级，以及世界上输送容量最大、送电距离最远的特高压输电工程。

电网运行过程中需要确保电压、电力荷载均在可控范围之内，避免过载、过压引发电网损坏事件发生。但是，我国的资源在地理上分布不均，且随着新能源、电动汽车的广泛接入，电网的稳定运行面临着新的挑战。电网建设作为各种能源方式转换和传输的主要通道，通过加强电网规划，可以直接影响电网运行平衡性，预防突发事件，确保电力设备稳定运行。因此，须加强电网科学化建设和智能化改造，提高电力系统对煤电、水电、新能源以及分布式电源的消纳能力，以适应新的用电方式的转变。

在电网建设过程中应结合电网运行实际情况，通过对区域内用电情况进行全面调查，了解用电需求、输送线路、输送对象及电能耗损等规划基本参数。获取大量可用数据后，利用大数据技术，可以合理规划电厂数量、电网等级、电网结构、变电站/换流站选址等。融合配电网运行数据、人口数据、城市社会经济数据等信息绘制"电力地图"，可以为单位反映不同时刻的用电量，并将用电量与区域人均收入、建筑类型等信息进行比照，以更优的可视化效果反映区域经济状况及各群体的行为习惯，为电网规划决策提供直观依据支撑，如图 4-1 所示。

4.1.2 典型应用场景

1. 发电厂数字化设计

数字化设计过程中，通过应用地理信息系统（GIS）中的地理分布数据，将 GIS 分析、实景模拟等功能与电网运行数据分析充分结合，可为发电站规划设计、供电网络结构优化、发电厂选址等工作提供支撑。基于数据的数字化设计具有许多优点：数字化设计平台和工程数据以数据为载体，可以进行各参与方间的数据、信息传递和共享，有助于开展项目的协同设计，提高沟通效率，促进项目的高效管理；数据模型能相对自动、准确地统计工程量，可以使对于物料清单、工程投资的管理更加准确，有利于控制工程造价；把所有工程文件数字化之后，能够实现大量工程数据的积累保存、快速检索，有利于电厂建设数据在全寿命周期内的保存和利用。

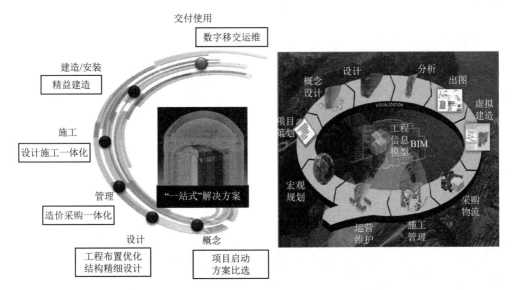

图 4-1 数字化设计和数字发布方法及解决方案

2. 电网三维数字化规划

目前，电网的规划设计多基于三维技术开展。例如，国家电网有限公司在宁东至山东±660kV直流输电工程中首次提出"三维数字化移交"，并开展了一系列相关工作。2017年，国家电网有限公司组织编制了多本三维数字化设计相关规范，同时选择新疆博州750kV变电站、苏通GIL综合管廊、张北可再生能源柔性直流电网等多项工程进行三维设计试点，计划到2020年底前，所有新建、改建、扩建35kV及以上输变电工程具备数字移交条件，总体上实现三维设计、三维评审、三维移交。2012年，中国南方电网有限责任公司广东木棉500kV变电站作为采用6组1000kVA变压器的500kV容量变电站，试点全站及其线路采用三维数字化设计并完成工程资料数字化移交。中国南方电网有限责任公司于2017年颁布了《20kV及以下配电网工程数字化标准（试行）》和《35kV及以上输变电工程数字化标准（试行）》，要求各单位要结合在建工程开展标准的试点应用。内蒙古电力（集团）有限责任公司2013年将地理信息系统与电网设施数据结合，实现了500kV、220kV线路及部分变电站接近真实场景的三维电网和地形图形数据展示，服务于生产运行。

三维数字化技术将电网工程项目的地理地形数据、设施实体、功能特性及各种信息，以三维模型和数据的形式集成到统一的设计平台，实现工程设计中的可视化展示、协同设计、自动化输出等应用。该技术涵盖两方面内容：一方面是将与工程相关的影像、资料、图纸等都转化为数据来存储、表达，并利用大数据存储与分析技术实现数据的积累、发掘、共享、集成、仿真；另一方面应用计算机技术，构建"虚拟现实"的三维场景，从而实现可视化设计，并对接数字化制造和建造。三维工程模型的可视化功能可以将地理地形和设计方案形成三维立体场景展示，使得设计人员能够进行场地选择、布置和杆塔布置等设计工作；同时，施工单位基于三维数据模型可以进行"虚拟建造"，起到提前校核图纸的作用，避免后期设计变更。

3．可再生能源储量评估与规划

近年来，可再生能源的开发利用比例大幅逐步提高，大批水电、风电及光伏电站投入建设。针对可再生能源空间分布不均，易受经济、环境、市场需求影响的问题，首先利用数据仓库技术构建覆盖基础地理、社会经济、能源电力等领域的综合性全球可再生能源数据库；而后，对数据库群进行融合，实现对汇聚数据的清洗、同化；最后，利用大数据平台技术开展全球水能、风能、太阳能等可再生能源储量评估、市场前景预测，基于分析结果辅助新能源规划业务。上述分析结果可为国家能源管理部门、地方能源局提供辅助决策的数据；同时，也可以对中小型个人用户企业和"走出去"的新能源建设企业提供成套规划、设计、施工、运营等信息资源，增强企业抗风险能力，提高企业盈利能力。

4．展望场景

但是，当前电网规划设计中仍存在不足。例如，在面积相对较大的城市，需要满足城市内部所有居民的实际用电要求，影响因素多，仅依靠电网运行大数据的分析难以实现大规模电网的全局优化；还需引入设计人员规划经验，与数据模型联合开展分析。

由于国内电网电站的智能化建设管理系统尚未完善，存在不能获取精准的数据信息、电网数据没有及时更新等问题，导致分析结果出现较大偏差；需进一步提升传感器及物联终端的感知精度，结合5G、边缘计算等新兴技术进一步提升数据质量与计算效率。

部分城市在规划时未考虑电网规划内容、城市部分建设未严格按照规划文件实施等原因，增加了电网规划难度，使得电网规划和城市规划步伐不一致，电网规划部门还需进一步提升负荷预测能力、挖掘城市用电需求，提前做好线路及场站建设规划，主动与城市建设管理部门做好协调沟通工作，从而合理降低电网建设投资，提高供电的可靠性和经济性。

4.2 调度业务应用

4.2.1 业务应用需求

我国正处在特高压电网的高速发展期，人们对电能的需求量增长迅猛，同时分布式能源和微网的并网增加了负荷预测和发电预测的复杂程度，这就要求电网企业对电网调度工作进行更加细致、精准地规划。电网调度是涵盖发电、输电、变电、配电、用电的复杂系统，如图4-2所示，电能的产供销是在瞬间完成的，即发多少电、用多少电。所以，电网调度的一个重要职责就是要随时保持发电与用电（负荷）的平衡。此外，电网调度还需执行电网安全运行监控、事故处理等工作，以确保电网安全稳定运行、对外可靠供电、各生产环节的有序进行。

电网的调度环节主要由电网调度控制系统完成，调度控制系统肩负着整个电力系统的安全运行与管理，其运行水平的高低是智能电网信息化建设的重要表征。电网调度控制系统主要包括数据采集与监视控制系统（Supervisory Control And Data Acquisition，SCADA）、电网调度管理系统（Operation Management System，OMS）、广域监测系统（Wide Area Measurement System，WAMS）、配电管理系统、生产管理系统（Production

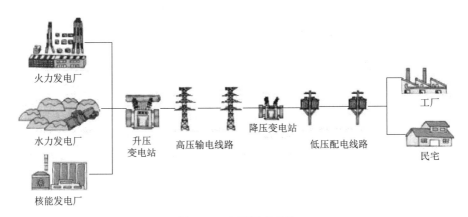

图 4-2 电网调度系统

Management System，PMS）、能量管理系统（Energy Management System，EMS）、地理信息系统（Geographic Information System，GIS）等应用系统，电网运行和安全生产的信息分别存储在各应用系统中。

作为电网运行的数据中心，调度中心存储着电网运行参数和设备状态等数据。我国已在各级调度中心之间以及变电站、发电厂之间，按照"统一规划设计、统一技术体制、统一路由策略、统一组织实施"的原则，初步建成了从县级、市级、省级、地区级、国家级的电网调度数据网，提供了调度大数据集成、存储、高性能计算的基础。通过将调度业务和大数据挖掘技术进行有效的结合，可深度挖掘电网调度数据价值，辅助调度人员制定有效的调度决策，提高电网调度安全性的同时，提升电网调度的质量效率，为我国的经济产业发展打下坚实的基础。

电网调度自动化系统基于采集的电力供给和需求数据，可通过构建的大数据分析模型进行实时、合理的分析并实现潮流、负载等参量的动态可视化展示，工作人员可以通过可视化实现填写电气操作票等，辅助调控人员更好地掌握电力在运行过程中的实际情况，对电力做出合理的调度分配。

4.2.2 典型应用场景

1. 用电负荷预测

调度数据源目前已经能够涵盖到用户负荷层面，电网企业基于每个用户的负荷与气象、日期、设备检修等数据，建立了各类影响因素与负荷预测之间的量化关联关系，有针对性地构建负荷预测模型，实现了更加精确地预测短期、超短期负荷，保障了电力供应的可靠性。

2. 发电计划预测

针对大规模新能源并网与消纳的问题，通过多源数据融合、模式识别、偏好决策、模糊决策等数据分析技术预测电网母线负荷，并以此为依据，结合经济发展、气象以及其他各类信息来源，对发电计划进行持续滚动的动态优化，从而科学、合理地制订月度（周度）、日前、日内等不同周期机组的电量计划、开停机计划和出力计划，最大限度地

45

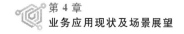

保证电力电量平衡。

3. 运行安全监测

通过汇总区域内各级设备台账、负荷、电网运行、网架结构等海量数据，可以对线损进行实时计算和处理，实现了电能损耗的有效控制；通过利用实时用电负荷、实时变压器负荷量、设备运行状态信息，可以估算出配电设备的负载情况，对配电设备进行重过载预警，有效减少了电压不稳定、频繁停电等现象。

4. 电网故障诊断

电网发生故障后会经历电气量变化、保护装置动作、断路器跳闸这3个阶段，其中包含了大量的反映电力系统故障的数据信息。监测系统将采集到的海量故障警报数据从本地自动装置上送至调度中心，剔除时空交错的复杂数据中冗余的信息，只保留电网故障诊断所需信息；而后，将多源故障数据进行融合，利用专家知识结合故障数据特征提取、粗糙集理论、贝叶斯网络、数据建模等分析技术，可以实现故障类型的诊断与判定。根据故障分析结果，调度运行人员可以及时进行事故处理，快速恢复供电，保证了电网安全、可靠运行。

5. 发电燃料供应预测

发电燃料供应量是随时间变化的序列数据，其预测满足时间序列分析预测的基本概念。首先从发电燃料供应的历史时序数据中分离出趋势，同时找出季节变动对供应能力的影响，分离出季节变动规律；而后，将二者结合起来进行长期供应能力预测，得到能够描述时间序列总体发展规律的预测模型。这样就可以使问题得到简化，同时保障了预测精度能够达到要求。

6. 展望场景

近些年，我国电力电量保持快速增长，发电装机和用电量均居世界首位，"清洁低碳、安全高效"的能源体系正在逐步构建。随着新能源迅猛发展、互联电网规模不断扩大以及交互式能源大量接入，大电网逐渐从无源转向有源，功率流动由单向变为双向，负荷预测和潮流控制更为复杂，电网调度控制正面临着新的挑战。

当前的实体型数据库在海量数据的处理上还存在一定的缺陷，其模型无论是从数据的描述能力、关联能力还是从可延展能力上都无法符合电力系统长远发展的需求；可以数学神经网络为支撑，以电网大数据为基础，以云计算技术为手段构建云计算可执行框架，提升电力系统的判断、决策能力，实现电力系统的完全自主可控。

未来智能电网要求具有故障自愈功能，其SCADA系统（数据采集与监视控制系统）须拥有全网的监测数据与电力设备的状态数据，这对平台的实时处理提出了更高的要求；可采用计算机图论算法，基于当前电网模型，结合未来设备投产计划进行模型重构，对不同电网断面进行孤网处理，将各连通子图重构为大电网数据模型，进而实现根据计算分析需求自动生成任意时刻的电网分析模型。

随着分布式电源、柔性负荷的大量接入，电力系统运行控制的难度和复杂度大大增加，需结合云计算与边缘计算技术，构建配电网、分布式电源和柔性负荷的优化模型，从而实现分布式电源的优化调度。随着跨区域电力网络铺设的迅速发展，跨区域电网一体化电力自动调度的需求愈发明显，需充分融合多源信息，采用大数据信息重组方法进行跨区域的负载均衡配置，从而提高跨区域电网一体化电力自动调度的恒稳性。

4.3　运维业务应用

4.3.1　业务应用需求

"十三五"期间，我国电网规模迎来爆炸式增长，因此对电网运行安全性、可靠性和经济性要求也越来越高。由于过负荷、过电压、内部绝缘老化、自然环境等影响，电力设备与电网线路在运行过程中会有老化、故障隐患、失修等情况出现，因此在不影响电力供应的情况下，开展安全、有效的运维与检修是电力企业的一项重要业务。然而在我国电网规模快速增长的大环境下，运检人员数量却保持相对稳定，这意味着大量投入人力的传统运检工作方式已到达瓶颈。

电网企业近年来陆续开展了数据接入融合、批量自动分析、可视化方式多维展示等大数据应用技术研究，对运检数据进行统一、全面、高效的智能分析。随着运检信息管理平台的深入应用，设备状态检修决策、特高压设备缺陷管理、直流专业精益化评价、设备带电检测等典型业务场景下的数据分析能力不断完善提高，以满足运检业务不断发展的管理需求。

4.3.2　典型应用场景

1. 电力设备运维

电力设备包含发电机组、变压器、配电箱等电力系统各环节的基础制程设备，各类电力设备的状态监测数据（包括在线监测、带电检测、预防性试验数据等）体量大、类型繁多。针对设备监测数据，可以通过时间序列分析、马尔可夫模型、遗传规划算法、分类算法等数据挖掘分析技术，找出大量正常运行的数据中夹杂的极少量异常数据，构建设备信息间的关联关系，从而实现设备的快速异常检测。针对监控摄像、无人机、卫星遥感等拍摄的影像数据，可以利用图像识别、特征提取、神经网络分类等技术进行设备故障检测，运检工作人员只需在监控室里对图像数据进行分析，即可快速判断设备缺陷。

2. 输电线路运维

针对输电线路的杆塔、绝缘子、金具、导地线等单元，利用大数据算法建立架空输电线路状态评估与推理模型，能够克服状态评估中的部分状态信息缺失问题，提供更加客观的线路运行状态。针对电力电缆的状态监测与诊断，主要是对潜在的故障、缺陷进行诊断并对老化程度进行分析，可通过数据清洗技术进行去噪、利用模式识别技术进行缺陷判定、使用数据统计分析模型进行故障预测等，可以提高电缆的整体维护效率。

3. 变电站运维

特高压变电站内集成的众多传感器每时每刻都产生大量数据，电力公司通过借力大数据技术与手持移动终端，有针对性地对可能出现问题的设备重点巡视，只需录入设备现场数据便可由计算机自动生成缺陷描述及缺陷报告，实现对设备的集中管控。针对站内继电保护设备，监测系统可以长期记录关键的模拟量信息，通过数据特征抽取可以发现设备状态的变化规律，并结合设备损坏时的状态特征，实现基于这些状态信息的状态监测与检修。

4. 配网故障抢修

通过实时或定时采集的配网抢修工单数据、SCADA 负荷数据以及气象系统中的相关历史数据，可以构建配网故障抢修驻点优化配置模型，对故障分布分析、故障因素相关性进行分析；对抢修驻点关键指标进行建模预测，并对抢修驻点经优化聚类，可以实现故障精准定位、提前部署设备运维改造重点，为合理调配抢修资源、制订预案措施等提供研判依据。另外，通过分析负荷、温度、雾霾、风力、雨量等因素与故障的相关性，利用可视化技术绘制负荷、温度、雾霾、风力、雨量等因素与故障量散点图进行拟合，可以分析出主要的故障因素，并预测负荷、故障、投诉量等信息。

5. 展望场景

随着输电网络智能化程度的提高，输电线路在线检测设备的增多、实时精细化气象数据的接入、人工巡线和无人机巡线的有机结合等，架空线路状态相关数据将不断增加，如何有效地融合架空线路历史状态数据、气象数据、巡线数据，深入分析架空线路各单元状况，挖掘海量数据中的潜在知识，为架空输电线路的运维管理提供支持，成为目前架空线路状态评价的主要问题。

数据质量是影响运维故障评估准确度的关键因素，大量原始运检数据中普遍存在数据重复、数据异常和数据缺失等问题，严重影响了评估工作的开展；因此，需开展数据治理、数据质量评价、小样本学习等技术的研究工作，提升数据质量，从根本上解决影响状态评估工作开展的难题。

目前，电力线路及设备状态评估数据来源于多个数据管理系统，这些系统一般由不同部门开发和管理，因此无法满足设备状态评估对数据共享与交互的需求；需研究不数据库间的交互机制，打破平台间数据共享的壁垒，实现多源异构数据的跨平台高效获取和存储。

基于历史故障及检修记录，可以建立电力运检知识库，通过对新生产任务的智能识别，自动提供可参考的典型样本处置方案，实现传统经验与智能辅助的最默契结合，降低生产管理对人员经验的依赖程度，确保每一任务使用合适的方案。通过对设备的缺陷和隐患情况等信息进行汇总分析，结合知识图谱等技术，可以智能推送检修工作方案及注意事项；通过检修流程的可视化，可以智能提示工作路线交通状况，精准预测工作时间。利用好运检大数据分析，可以提升决策智能化水平和检修计划优化能力，避免重复停电。

4.4 营销业务应用

4.4.1 业务应用需求

2015 年 3 月，国务院发布了《关于进一步深化电力体制改革的若干意见》，在电力改革的新形势下，电网公司的营销模式也需做出相应的调整。在电力市场环境下，电网的盈利模式将由获取购销差价收入的盈利模式改变为按照政府核定的输配电价收取过网费的盈利模式。在以市场为核心的营销模式中，电网企业的开拓策略需要回归到如何培育市场上。市场越好、交易量越大、电网发展空间越大，同时，现代营销理论要求一个强大的企业积极培育相关的下游企业，以确保本企业可持续发展。

电力营销就是电力企业在变化的市场环境中，以满足人们的电力消费需求为目的，通过电力企业一系列与市场有关的经营活动，提供满足消费需要的电力产品和相应的服务，从而实现企业的目标，如图4-3所示。电力营销的实质就是要调整电力市场的需求水平、需求时间，以良好的服务质量满足用户合理用电的要求，实现电力供求之间的相互协调，建立电力企业与用户之间的合作伙伴关系，促使用户主动改变消费行为和用电方式，提高用电效率，从而增加企业的效益。

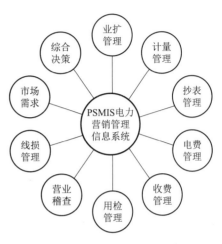

图4-3 电力营销业务

电力需求变化是经济运行的"晴雨表"和"风向标"，智能电网中部署的智能电表和用电信息采集系统，累积了海量用电与营销数据；电网企业通过大数据技术，对历史电量数据进行多维度比对分析，综合用电增长与相应社会经济指标关联关系，归纳总结各指标增长率与全社会用电情况的一般规律，为政府了解和预测全社会各行业发展状况和用能状况提供了参考数据。

4.4.2 典型应用场景

1. 反窃电预警

由于无论是用户通过改变电流还是通过改变电压，抑或是通过改变表计的结构和接线方式，或者是通过强交流磁场等方式进行窃电，都会在最终的用电数据计量中体现出异常变化和大幅波动。因此，电力公司可以通过电量差动越限、断相、线损率超标、异常告警信息、电表开盖事件等数据的综合分析，建立窃电行为分析模型，对用户窃电行为进行预警与精准定位。通过营配系统数据融合，可比较用户负荷曲线、电表电流、电压和功率因数数据及变压器负载，结合电网运行数据，实现具体线路的线损日结算。

2. 非侵入式负荷分解

在智能电表大量部署的情况下，电网企业通过入户端的智能量测装置可以以低成本、高接受度的方式采集其量测点处的电压、电流等电气量，将用户总负荷数据分解为各用电设备的信息，进而获取用电设备能耗情况、用户用电规律、单个用电设备的使用状态、能耗等用电信息，由此可以对用户的能效给出评价，并提出改进建议。电网企业根据工、商、居民用户的不同，还可以对各行业负荷成分及其特性进行差异化分析。

3. 用户画像

电网企业可基于电力用户购电、缴费、业扩报装、容量变更及违约用电等行为，分析用户的消费特征、行为偏好等信息，通过一定的转化规则将用户的业务数据转化为便于业务人员理解的语义标签。根据不同的标签，电网企业可以制定差异化与精准化的营销策略，提高产品和服务的竞争力，满足电力客户日益多样化的用电服务需求，进一步扩大电能在社会能源消费终端中的占有率。

4. 电价异常

通过整合用电信息采集系统、营销系统、稽查系统、相关政策文件等数据信息，可以分析测算标杆均价。结合实际完成均价分析均价偏差，可以有效剔除结构性影响和政策性影响因素，从而构建分类电价异常数据的特征集。而后，通过随机森林、决策树、皮尔森系数等算法，计算筛选出疑似风险客户与高风险客户，并对高风险客户进行流程化闭环防控，可以有效防范电价执行风险，提升供电公司经营质效。

5. 线损在线监测

实现准确、实时在线管理模式，提供同期降损依据参考。终端设备定期自动采集、定期自动读取用电营销数据；采集层可实现电流在线监测、电压在线监测、谐波在线监测、电表在线监测，对出现的各种异常事件进行捕捉，实现线损突变提示报警和管辖区所有配变的动态监控。

6. 线损分析

电网线损及窃电预警分析系统需要每天从调度 SCADA 系统、电能量采集系统、用电信息采集系统和营销系统等多个系统同步电网数据至大数据平台。采用包括分布式文件系统、分布式关系型数据库等，实现海量规模存储、快速查询读取，支撑数据处理高级应用。对电网运行数据进行业务模式挖掘，做出归纳性的推理，从而得到数据对象间的关系模式及内在特性。

7. 展望场景

市场经济条件下，企业的营销理念更为注重提高对顾客的服务质量。在大数据环境下，电力营销服务必然会呈现出以下影响。

（1）服务方式。随着互联网技术的持续性发展，电力营销的方式逐渐呈现出多渠道、多层次及互动性的形式，借助 Web 页面、移动互联网技术的应用，可以实现高度便捷的沟通，大数据的应用也可以促使供电企业的服务更加主动、精确和有针对性。电力企业可以通过采集客户电、水、气、热等用能信息，结合宏观经济、行业运行、气象环境和能耗标准等数据，搭建综合能源服务信息云平台，进一步挖掘综合能源服务市场潜力，在客户能源供给优化潜力分析、能效优化提升分析以及客户负荷、电量精细化管理等方面提供优质服务。

（2）服务流程。在大数据环境下用户接受电力营销服务的流程也会出现一定的改变，服务的相应效率、流程会更加简化与透明，监督管理机制也会更加深入。随着供电企业的数据不断增多，其中有价值和影响的数据也会随之增多，此时便会对安全防御提出更高的挑战，因此务必做好大数据的数据安全保护工作。

虽然电力市场环境为电力营销引入了诸多其他业务可能，但电力营销的最主要任务仍是推动电力这一核心"产品"的销售。电力销售服务的核心要素是电价，创新电价形成机制在很大程度上等于创新电力销售服务模式。在电力市场环境下，销售电价不再由政府统一制定，而是由市场竞争形成，对于电力营销部门来说，如何能够科学、合理地制定销售价格，将直接决定其用户数量和交易数额。因此，销售价格制定仍是营销数据分析的重要任务。

4.5　基建业务应用

4.5.1　业务应用需求

电力基建工程是电力系统的重要组成部分，其建设的质量与进度直接关系到后期的使用功能，是电力系统提供电能的基础。为了使电力系统的基建工程能够按计划完成，及时发挥出其应有的作用，必须对电力基建工程的投资造价、项目质量及施工进度进行管理。而我国的电力系统正经历着全方位的转型，供应端电源构成中加入大规模的新能源，需求端出现分布式电源、电动汽车、储能、智能设备等多元化负荷，因此需求响应也是电力基建工程中必须考虑的一点。

另外，新型基础设施能够助推能源数字经济发展，是探索能源数据要素市场化配置、建立能源数字经济衡量的有效方式。新型基础设施作为推动数字化转型、智能升级、融合创新的重要手段，将为推进能源数字经济发展带来新动能。

4.5.2　典型应用场景

1. 工程数据管理

ERP 技术作为企业管理常用的技术，在电力工程数据存储和分析方面也得到了广泛的应用，主要涉及电力物资管理和人力资源管理等方面；为了提高电力工程数据的处理效率，数据挖掘技术也得到了深入研究，其中基于灰色关联分析的数据挖掘算法由于算法复杂度较低，因而在电力工程领域得到广泛应用。

2. 工程建设监管

输变电工程涉及发电端、变电站、用户端和输电线路，涉及的内容有很多，如电气安装、土木建设、通信自动化等，因此在建设时具有技术密集、工期长的特点。所以，电力企业引入了卫星遥感、无人机等方式，结合影像数据分析技术对输变电工程的建设进度进行监督。另外，通过数据建模，建立了输变电工程评价模型，为未来决策提供量化指标，以规避风险。针对各地区配网工程推进耗时大不相同的问题，传统工程进度管控方法中基本依靠经验来判断"快"和"慢"以及"来得及"或者"来不及"，配网工程全过程精益管控很难实现。因此，部分电力企业利用深度学习技术，通过提取配网工程项目数据样本的主要因素，得到数量少但预测能力强的主要因素，用来建立配网工程项目的预测模型，能为工程计划的实时变更提供数据支撑，大大减少工程超期完工的可能性，加强了工程计划的准确性。

3. 施工安全监督

由于电力基建工程中存在很多不可控的因素，因此也会直接威胁建设人员和工程本身的安全。随着电力系统运营管理数字化、智能化的高速发展及日趋成熟，对电力系统在建项目也提出了更高的要求，电力建设公司工程项目施工现场逐步配备了一套可临时部署的应急无线通信网络，用于解决了施工现场智能化管理问题。图像采集设备可以通过网络，远程遥控进行施工安全监督，通过对图像数据中设备、场景、人员等目标进行特征抽取与识别，项目技术管理人员可以随时对实施中的工程项目进行安全监控，对存在的安全隐患进行提前预警，实现智能管控的需求。

4. 工程财务管控

电网工程财务过程有其自身特点，在分期计价和单件性特征的主导下，当投资周期相对较长时，其中任何一个环节的疏忽都有可能对投资金额较高的项目带来巨大的投资风险，因而不仅仅是在工程成本核算阶段，从可行性分析阶段开始，到初步设计概算、物料服务类的集中招标的整个财务管理过程，都会由于涉及总体投资额而存在潜在的风险防控点。随着大数据技术的引入，电力企业可根据国民生产总值、电网运行方式、各级电网容载比、大用户报装容量、各产业用电损耗、人均用电增长率以及电力负荷的数据，分析预测电网最高负荷，从而灵活调整投资战略决策，保证了电网基建项目投资与收益的合理化。另外，电力企业还利用模糊数学、灰色关联度及神经网络等理论技术应用于造价估算。

5. 展望场景

优质工程评选随着技术、材料等的进步处于变化之中，预评价指标体系应随着适应新方向。现今工程建设变化较快，现有的评价指标体系需要进行继续完善以适应潮流和评价规则的变化。工程质量是一个较大的话题，影响因素较多，需要进一步深入挖掘工程评价重点指标，实现指标体系的合理化。

电力工程造价是一项复杂的工作，它融合管理学、数学、电力系统等多学科的多种方法，融合了 BIM、大数据、人工智能、移动通信、云计算等信息技术手段，还需进一步加强信息平台构建的深入研究，需要横跨软件工程、数据统计分析、计算机技术和工程造价等不同领域的研究。

4.6 新业态应用

4.6.1 业务应用需求

近年来，电力行业不断深化电力大数据应用，支撑数字经济发展。高质量开展了电力大数据助力国家治理现代化专题研究，聚焦抗疫复产、扶贫环保、小微企业帮扶、经济发展等各领域，服务国家重大战略，助力政府科学治理。

随着智能电网建设的不断推进，电力系统中运行的采集终端数量大幅激增，国家电网有限公司、中国南方电网有限责任公司、国家电力投资集团等电力企业均设立了大数据中心，专门负责电力数据的专业管理与数据资产的统一运营，从而推进数据资源的高效使用。

电力企业在能源消费革命、能源生产革命、能源体制革命、能源技术革命中，将瞄准行业的转型与升级，更加聚焦大数据前沿技术及应用，做好电力数据体系的系统谋划和整体设计，加快整合数据资源，打通数据壁垒，实现数据的汇聚、融合、共享、分发、交易、高效应用和增值服务，为电网业务和新兴业务提供平台化支撑。同时，电网企业也会进一步加强与上下游、客户、政府和社会各界的协同协作，努力构建共建、共享、共治、共赢的能源大数据生态体系，打造能源行业国际一流大数据中心。

4.6.2 典型应用场景

1. 企业征信

电力行业目前"先用电后付费"的交易模式，企业运营情况与电费缴纳的准时率紧密相关，企业资金周转压力越大，其电费拖欠风险越高。通过将缴费信息、用电量、用电行为等数据进行联合分析，电网企业可对用电客户的信誉度、经营状况、发展前景进行综合评价，将及时缴费、无违约记录的客户评选为星级客户，将存在窃电行为、违约用电行为的客户发出预警并纳入重点监控范围。将电力征信结果纳入社会征信体系，发挥了非银行信用信息"辅助银行、助推企业"的作用，可以提高金融机构信贷决策效率和风险防范能力，增加对优质中小企业的信贷投入，逐步构建起守信受益、失信惩戒的信用约束机制。

2. 精准扶贫

电力企业通过对扶贫户及其所在地区进行精准画像，分析区域性差异及贫困户致贫原因，然后采取产业帮扶、教育帮扶、医疗帮扶等措施助力快速脱贫，实现扶贫工作的精细管理，进一步发挥电网企业的社会价值。另外，电力领域近年来持续推动新能源扶贫工程，通过开展光伏、小水电、生物质发电能源资源开发，通过新能源发电量预测、台区电压波动预警、光伏板污损运维等电力数据分析结果，辅助稳定贫困户收益，带动贫困地区经济发展，加快推进农村能源调整。

3. 经济景气指数

由于电力是各行业经济发展的重要能源，因此用电数据可以反映地区经济发展的真实情况。根据社会用电量、行业用电量、居民用电量、业扩报装容量等电力数据和外部经济数据，结合季节性的调整因素等，可以从行业、地区、时段等多维度分析社会用能和经济运行情况，进而辅助衡量和驱动经济增长及社会进步。2020年6月，国家电网有限公司大数据中心发布了最新的数字产品——电力消费指数（Electricity Consumption Index，ECI），其选取了用电量、用户规模、电价数据作为核心分析指标，从产业、行业、企业等多个维度进行了数据分解分析，可以客观、全面、高频反映电力消费市场景气情况，为政府部门决策提供了参考数据，为现代化经济体系建设提供了新的动力支撑。

4. 复工复产

电网企业根据用电信息采集数据中企业历史用电量情况、当日用电量情况等数据，综合考虑复工电量比例和复工企业数量比例两个因素，可以计算得出复工指数。针对辖区形成的"一区一指数"，可以帮助区政府掌握企业复工复产情况；针对制造业、电力热力生产和供应业、医药等多个行业形成的"一行业一指数"，还可以展现不同行业的生产情况。通过电力复工指数，能够动态监测、精准分析各区域、各行业由点及面的复工复产情况，目前已在江苏、天津及四川等地开始推广应用。

5. 环境治理

供电公司基于地区全量及重点工业企业用户的每日电量数据，选取预警前的电量平均值与企业污染物排放压减标准相乘，可以计算得到每日或每阶段的企业环保指数。通过数据模型对照分析，设定未达标排放触发条件，可以自动生成预警提示，提高监测效率。通过分区域、分行业绘制电力环保指数、排放量、PM2.5 关联曲线图，能够对比分析变化趋势，提出建议和前景展望，为市政府精准治污提供判别依据。

6. 辅助房地产建设

电能消费实时产生，所产生的用电数据真实可靠，覆盖所有居民、商业和工业用户，且客户用电行为可以直接反映居民生活、商业活动及工业生产情况。因此，基于用电地址、用电明细等电力大数据，引入地价、人口等外部数据进行内外部数据融合分析，可以构建面向政府及相关部门和房地产企业的数据应用场景。不定期向相关政府部门提供专题报告，为地方政府提供决策参考；针对房地产行业，提供面向板块、小区和楼宇等维度的相关参数分析，结合可视化技术绘制入住率热力图、用户群体画像等，在满足房地产企业多业态、多维度、多目标的分析需求的同时，还可为其市场分析、产品定位等提供可靠分析支撑，推动能源互联网生态建设，助力房地产行业健康发展。

第 5 章
关键技术分类及重点研发方向

5.1 大数据在智能电网中的应用和展望

随着电力系统的日益开放，电力系统已不再是一个纯粹的物理系统，而是变成人和社会广泛介入、多能转换、信息通信系统与能源基础设施深度融合的复杂系统。用户心理和行为、政策和电价、天气和气候等对电力系统的特性都有重要的影响，基于机理建模的传统分析方法已不能适应，值此数据驱动的大数据方法将发挥重要的作用，包括风电、光伏预测、用能预测、需求响应潜力分析等。即使是电力系统安全稳定分析这样传统的业务，由于电力系统运行条件的不确定性和复杂性加剧，继续采用机理分析也难以适应发展需要。由于复杂电力系统分析中的假设条件和大量的模型简化，使得基于机理模型的分析结果与实际情况相差很大，难以反映实际运行情况。大数据将在电力系统转型发展中发挥至关重要的作用。智能电网和能源互联网的发展目标的实现，都离不开大数据技术的支撑。

大数据技术在电力系统中的应用，目前还主要停留在统计分析、一般性关联分析层面。统计方法告诉我们发生了什么，数据挖掘、机器学习告诉我们为什么发生，并预测未来将发生什么，但人工智能方法如深度学习、强化学习等，告诉我们如何采取措施使某件事发生或阻止其发生，如图 5-1 所示。

由图 5-1 可知，目前大数据在电力系统的应用因主要集中在采用统计分析和聚类、关联等数据挖掘方法的应用，以及反映"发生了什么"和"什么因素在影响其发生"上，并做了一定的"未来预测"，随着新一代人工智能技术的应用，大数据分析正向更高维度分析和决策方向发展。

目前，深度学习、强化学习等应用研究尚处于理论研究阶段，可以预见，不久的将来，这些研究成果将在电力系统中获得实际应用。但当前，深度学习、强化学习虽然取得了很好的效果，但由于其具有不可解释性而有局限性。智能化算法将向着可解释方向发展。

由于目前数据库本身的技术局限性以及顶层设计缺失等历史问题，造成了信息孤岛和大数据应用目前的碎片化现状，这种现象普遍存在于国内外的各行各业，电力系统也面临同样的问题。数据的开放和共享以及多源数据的融合，是体现大数据价值的基础，也是目前大数据技术应用的最大障碍。实现数据融合，在此基础上快速而精准地挖掘出

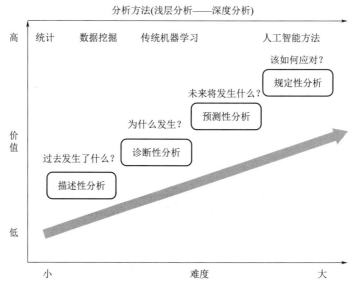

图 5-1 大数据分析深度示意图

大数据的真正价值，仍是未来的发展方向。

电力系统是一个物理系统，电力系统的安全、可靠性涉及社会和国家安全。数据驱动的方法目前普遍存在解释性差等问题，这给数据分析结果进入实质应用造成了障碍。如果数据分析结果不能获得机理或因果解释，电力领域专家很难接受这样的分析结果，特别是在电力系统的核心业务方面，更不可能依据这一结果做出决策。所以，如何给予数据分析结果以因果解释，以更加直观的方式展现数据分析过程以及结论产生的原因，是大数据在智能电网应用的一个突破点。

数据的安全和隐私已成为研究热点，智能电网大数据的安全和隐私问题依然是研究与探讨的热点。智能电网大数据及其相关核心资源涉及企业商业机密和国家安全，引发业内人士的广泛关注。智能电网大数据系统与体系安全防范问题目前还没有实质性的进展和突破。因此，如何保护智能电网大数据的安全及用户隐私，成为智能电网大数据应用研究成果真正应用于实际的又一重要突破点。

5.2 提升计算速度

5.2.1 并行计算技术

随着特高压大电网的形成，我国电网形态和运行特性呈现高度耦合的一体化特征。电网规模不断扩大，电力电子设备的大量应用，交直流之间、大区域电网之间相互影响进一步加强，新能源并网容量大幅度增长，对电网的在线分析、设备实时检测等场景提出严峻挑战，对大数据分析的实时性提出了更高的要求。

现有调度控制系统是从弱互联中、小电网阶段发展起来的，调度业务运作基本按照省级电网内部平衡模式开展，存在层级多、链条长、业务协作水平低、全局决策能力不足等问题。电力设备的数量以及监控强度越来越大，极端情况下，在短时间内累积大量监测数据，这已经超过了监测方法的处理能力，无法利用大规模监测数据及时、准确地预测电力设备状态。

在线分析计算速度是电网在线安全稳定防控与设备在线高效监测的一个关键指标，然而硬件的性能提升是有上限的，并行计算由于一次可执行多个指令的算法，可用于提高计算速度。通过扩大问题求解规模，解决大型而复杂的计算问题。

并行计算是同时使用多种计算资源解决计算问题的过程，可分为时间上的并行和空间上的并行，如图 5-2 所示。时间上的并行就是指流水线技术，在同一时间启动两个或两个以上的需进行串行计算操作，可大大提高计算性能。而空间上的并行则是指用多个处理器并发的执行计算，通过网络将两个以上的处理机连接起来，达到同时计算同一个任务的不同部分，或者单个处理机无法解决的大型问题。

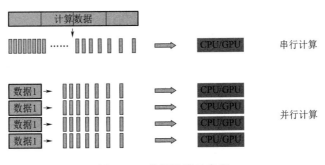

图 5-2　并行计算示意图

5.2.2　流计算技术

实时流计算技术也是一种用于分析挖掘数据实时价值的技术。流数据是真实世界发生各种事件的体现。真实世界事件的随机发生，使得流数据的产生在时间和数量上具有随机性。有时候在很长一段时间内只产生少量数据，有时候又会在很短时间内产生大量数据。流数据和批数据的区别导致它们在系统架构和算法实现上都有所不同，如图 5-3所示。

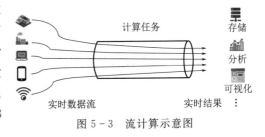

图 5-3　流计算示意图

早期流计算开源框架的典型工具是 Storm，虽然它是逐条处理的典型流计算模式，但并不能满足"有且仅有一次（Exactly-once）"的处理机制。之后的 Heron 在 Storm 上做了很多改进，但相应的社区并不活跃。同期的 Spark 在流计算方面先后推出了 Spark Streaming 和 Structured Streaming，以微批处理的思想实现流式计算。而近年来出现的 Apache Flink，则使用了流处理的思想来实现批处理，很好地完成了流批融合的计算，国内包括阿里、腾讯、百度、字节跳动，国外包括 Uber、Lyft、Netflix 等公司都是 Flink 的使用者。2017 年由伯克利大学 AMP Lab 开源的 Ray 框架也有相类似的思想，由一套引擎来融合多种计算模式，蚂蚁金服基于此框架正在进行金融级在线机器学习的实践。

5.3 提升计算精度

5.3.1 时间序列分析

时间序列分析是概率论与数理统计学科的一个分支，它是以概率统计学作为理论基础来分析随机数据序列（或称动态数据序列），并对其建立数学模型，即对模型定阶、进行参数估计，以及进一步应用于预测、自适应控制、最佳滤波等诸多方面。由于一元时间序列分析与预测在现代信号处理、经济、农业等领域占有重要的地位，因此，有关的新算法、新理论和新的研究方法层出不穷。目前，结合各种人工智能方法的时序分析模型的研究也在不断深入。

随着物联网、大数据等新一代信息技术逐渐向电力行业渗透，电力设备及线路上安装了数以亿计的传感器，来探测电压、电流、温度、舞动、振动等信息。传感器产生的数据经过解码和转换后形成一维或高维的时间序列，其体量远大于企业中计算机和人工产生的数据。电能的生产、输送、分配和使用几乎是在同一瞬间内完成，因此基于时间序列的电力数据分析对于准确性和时效性要求更高，如图 5-4 所示。

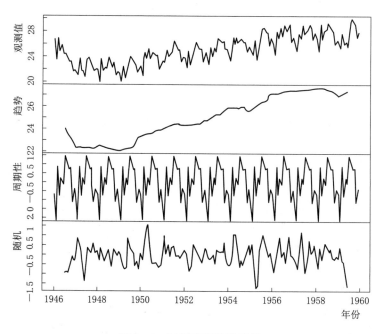

图 5-4 时间序列数据示例

时间序列分析技术目前已形成了丰富的机理、模型与算法，可以在电力数据的分析中加以充分利用；同时，由于数据规模巨大，很多串行化分析算法受限于机器算力，常在实际应用场景中失效，无法做到实时分析、诊断和预测。

在电力运维方面，采用基于时间序列分析的大数据处理方法，可以缓解检测系统吞吐量低、运行效率慢等问题，使得供电公司能够及时发现和处理用电异常情况，尽量避免对正常用户用电以及供电公司供电秩序产生的严重干扰和影响，从而降低经济方面的损失甚至更为严重的供用电安全隐患。

在电网调度方面，采用基于时间序列线性大数据分析方法，同样可以缓解原有电力系统潮流计算方法精准度低的问题，在更为复杂的电网结构下提供精度更高的潮流计算结果，为电网的安全、稳定、正常运行夯实基础。在电力营销方面，采用基于时间序列建模的方法可以解决电力客服效率低、针对性差的问题，更加精准地确定不同客户群体对电力电能的消费和使用能力，从而起到引导电力服务单位生产、运营的作用。

随着感知技术的进步，电力企业可以捕捉到更多模态的感知数据，多模态数据中的电气量与影像、音频数据均属于时间序列数据。因此，大规模时间序列分析技术的发展，不仅要提供复杂数据分析能力，还需具有高效的数据处理能力，以解决数据规模受限问题；还要在采用并行化时间序列分析算法时，充分利用成熟的矩阵运算工具箱和算法库，而非全部重新设计开发。

5.3.2 聚类分析

聚类分析指将物理或抽象对象的集合分组为由类似的对象组成的多个类的分析过程。聚类分析的目标就是在相似的基础上收集数据来分类。聚类源于很多领域，包括数学、计算机科学、统计学、生物学和经济学。在不同的应用领域，很多聚类技术都得到了发展，这些技术方法被用作描述数据，衡量不同数据源间的相似性，以及把数据源分类到不同的簇中，如图 5-5 所示。

随着智能电网的实施和智能传感设备的大量安装使用，尤其是高级测量体系（Advanced Metering Infrastructure，AMI）的普及以及 AMI 对数据的频繁采集，产生超大规模数据，

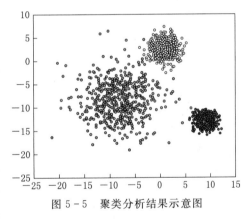

图 5-5 聚类分析结果示意图

这些数据来源于智能电表、数字保护装置、电网中其他智能设备以及智能电网实施过程中产生的数据。通过 AMI 可以获取大量的不同时间间隔的电网运行数据，进而开展智能电网的高级应用分析。在电力系统领域，聚类分析将在电能质量、局部放电、需求响应和孤岛检测等多领域获得广泛应用。

在电力营销方面，营销数据来源多，主要分为实时采集和调度中心收集的中央数据。由于营销系统是采用非线性微分方程描述的，会涉及上千个状态变量。因此，采用聚类分析法可以对系统进行简约化处理，同时可以提高数据挖掘算法的挖掘速度及其精准度。另外，电力营销系统分为两类：一类是系统稳定运行状态；另一类是不稳定状态。根据聚类分析原理，可以找出系统隐患，采用数据挖掘算法将这些数据蕴含的潜在因素和关联等有价值的信息选取出来。

在电力营销方面，用电异常数据检测是配用电数据挖掘中的一项重要工作，可以挖掘数据集中少量的异常点来获取隐藏的有价值的信息。近年来，配用电数据逐渐呈现出数据量大、类型多、增长速度快等特征，以及实际数据集中异常点样本较少且获取成本较高等问题制约了电力异常检测的精度。采用模糊聚类算法将具有相同用电行为的电力用户进行分类，可以对不同用电行为的用户进行异常检测分析，提高用电数据异常检测的查准率和查全率。

在电网调度方面，电力供给端由于不确定因素的存在（如风力、温度、湿度、光照等），光伏电站出力、风电出力的易变性引起了广泛的关注。采用聚类方法可以更好地处理非线性逼近问题，通过将具有相似环境与出力特性的发电机组聚为同一机群，结合气象数据与功率预测模型，可以进一步提高新能源预测精度。电力需求侧的不同电力客户类型（工厂、办公、家用等）具有不同的负荷曲线，其负荷数据计算具有更高的复杂性，采用聚类模型可以对不同的用户按照需求进行分类，从而更加快速、准确地对每类用户进行负荷特性分析。

聚类分析广泛应用于电力系统的数据处理中，能够很好地完成现有的研究需求。但是随着能源互联网概念的提出，对数据挖掘技术提出了更高的要求。能源互联网的多样性消耗、孤岛的安全性以及并网后电压质量等要求，成为研究者必须面对的挑战。同时，数据挖掘所考虑的影响因素也不再局限于传统的电力系统网络，将造成大量数据的产生。聚类分析技术，作为数据挖掘的重要技术，需要更系统地分析数据，构造聚类模型，为能源系统大数据时代的到来提供应用支撑，迎来新一轮的发展。

5.3.3 模式识别

模式识别是用计算的方法，根据样本的特征将样本划分到一定的类别中去。模式识别通过计算机用数学技术方法来研究模式的自动处理和判读，把环境与客体统称为"模式"。随着计算机技术的发展，人类有可能研究复杂的信息处理过程，其过程的一个重要形式是生命体对环境及客体的识别。模式识别以图像处理与计算机视觉、语音语言信息处理等为主要研究方向，研究人类模式识别的机理以及有效的计算方法。模式识别系统典型结构框图如图 5-6 所示。

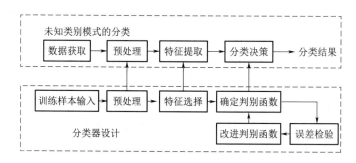

图 5-6 模式识别系统典型结构框图

（1）在电力营销方面，为了获取更加精细的电力负荷监测数据来发展智能用电技术，需要对用户负荷进行识别，从而分析用户的用电行为。早期"侵入式"监测的方法，即在用户家中每个电器上都设置传感装置来记录其使用情况，由于会影响用户的生活且投资成本较高，因此目前多采用非侵入式的符合分解方法。采用模式识别的方法，可以对用电负荷数据进行分解与特征提取，结合用电设备本身的电气负荷特征实现电器类型的识别；能够缓解"侵入式"方法对数据采集设备精度要求高、在实际中难以应用的问题，同时获取更加精细的电力负荷数据。

（2）在电网调度方面，暂态稳定评估是关乎电力系统安全运行的关键问题，评估的是当电力系统发生大的扰动后，系统中的各个发电机能否保持同步运行。目前常用的仿真法，其计算结果依赖于系统模型、参数的准确性且计算量大，难以满足大系统在线应用的速度要求；而直接法计算速度较快，但能量函数构造困难，计算结果保守、可靠性较差。因此，可采用基于模式识别的方法，通过对大量具有代表性的训练样本进行训练学习，获得反映系统稳定特性的稳定评估知识，然后基于所获知识对系统稳定水平进行在线判别。

（3）在电力运维方面，电气设备作为电力系统中的基础设施，在科学技术的支持下，电气设备也逐渐向精细化、智能化方向转变。电气设备在运行过程中，易受到外界工作环境、元器件互扰等方面的影响，令设备产生失效现象，无法完成相应的指令操控，因此对电气设备的故障类型进行分析是电力运维中一项重要的内容。另外，输电线路担负着传输电能的任务，输电线路的正常运行直接关系到电力系统的稳定。但输电线路常常会遭遇雷击、树障、覆冰、山火、绝缘老化等问题，导致输电线路发生故障的概率高。综上采用模式识别的方法，可以对设备内参数信息或输电线路图像进行分析，利用特征量提取、分类模型等方法对故障类型进行精准识别，进而为电气设备的运行提供基础保障。

5.4 提升可视化交互能力

数据推动着诸多科学领域与各行各业发展的同时，也带来了前所未有的挑战。如何有效地让人去理解数据，避免"大数据"成为"大垃圾"是大数据技术必须要解决的问题。当下人们都是以视觉感官为主的，对于图形的敏感度远远超过单纯的数据表现。尽管数据的可视化大部分通过计算机软件程序指令生成，但数据可视化主要旨在通过借助图形化手段，将数据图形化，然后通过图画更加清晰、有效地传达与沟通信息。

为了能够实现电网的实时监测、自动调度和预警目标，需要利用好大数据分析技术，通过数据的可视化实现管理目标。其运行管理内容包括用户分布、电网拓扑、电能质量、窃电嫌疑、安全防御等，通过对电网信息的监管，可以大大提高电力行业管理水平，确保电网的安全性、可靠性，进而提升电网企业的经济效益。

（1）具体而言，在电网调度方面，可视化技术的应用可以将从监测数据中分析出的电力系统在运行过程中的状态、属性等信息，根据使用需求及算法进行有效处理之后，把这些状态和属性以图标、图片或者是视频的形式更加直观、便于理解地展示出来。这样可以很大程度上方便调度人员快速判断电网运行状态并及时采取必要的操作，能有效提高调度部门业务人员在解决电力故障上的处置速度与工作效率。

（2）在电力运维方面，采用大数据分析可进行电力设备的运行状态特征信息检测和状态特征提取，再结合动态三维监测方法，可对电力设备的运行状态进行有效监测。电力设备的运行状态监测数据通过可视化重构，可以辅助运维人员对电力设备的缺陷和故障诊断，实现对电力设备运行状态监测数据的动态可视化管理，提高电力设备的稳定运行能力。结合电力设备运行状态监测数据的动态可视化重构模型，进行，提高电力设备的安全、稳定运行能力。设计电力设备运行状态监测数据的动态可视化系统，在电力设备管理和监测中具有很好的应用价值。

（3）在电网规划建设方面，通过融合电网拓扑、电网运行、设备生产运维、用户用电信息以及地理、气象、经济、人文社会等电力系统内外部数据，结合负荷典型发展模式分析、可靠性影响因素分析、用户诉求分析等一系列电力数据分析结果，以 GIS 为基础，采用多种可视化手段可以对基础数据、中间数据和结果数据进行全过程、多维度展示，形成"电力地图"。规划建设人员可以直观地了解不同地区供电能力与地区经济发展需求之间的差异性，从而可以辅助发电站、变电站以及电动汽车充电站的选址、配电网的规划等业务，提高电网规划的质量与效率。

5.5　提升数据治理能力

随着能源互联网战略和电力体制改革的深入推进、电力市场化主体的多元化，电力企业积极创新服务模式以满足当前多变的市场需求，对单位间横向协同和部门间纵向贯穿的数据共享需求日益迫切。同时，政府部门也对电力数据与数据服务的开放提出了更高的要求，希望电网企业能够深挖电力大数据价值，高效助力公共服务。

随着大数据发展重心从行业应用转向数据服务，大数据治理成为各界关注和研究的热点。数据治理不是对"数据"的治理，而是对影响企业商业利益的大规模数据资源的治理，这部分"数据"称为"数据资产"。对"数据资产"的治理也是对数据资产所有相关方利益的协调与规范，需要统一数据标准、明确数据的归属权，同时对"数据"质量与安全性进行把控。

数据的质量一般在准确性、完整性、一致性、及时性与可用性几个方面进行评价。数据质量的提高主要从制定标准化的数据规范入手，对不同来源、不同业务领域数据项的具体定义、口径、格式、取值、单位等进行规范说明。

我国电网智能化进度不断加快，控制中心可以采集并分析海量用户的各种信息，做出提高收益的决策。然而随着电网数据开放性需求的增加，用电客户的各种信息以及隐私性面临着安全隐患。本节主要介绍两种数据安全技术。

5.5.1　联邦学习技术

随着隐私数据保护法规与保密意识的不断完善，数据所有者在期待优质数据服务的同时，却又不愿向彼此随意开放自身的数据资源，难以通过简单、粗犷的管理手段融合分散的"数据孤岛"，导致难以将其孵化为数据产品或增值服务。

针对电力数据的敏感性，数据分享的机制还处于探索阶段。常见的数据脱敏共享机制存在用户难匹配、易推导回溯等安全隐患，甚至因此带来法律风险，不能满足电力数据对外共享的要求；而国内外某些大数据公司采用的群体特征共享模式，虽隐私保护性稍好，但特征种类受限且无法匹配其他数据使用，共享的覆盖度与有效性较差，数据共享应用效果不佳。

作为一种隐私保护的分布式机器学习技术，联邦学习旨在数据不离开数据拥有者的情况下数据拥有者各自使用自有数据训练模型并加密，然后只使用加密后模型与聚合服务器交互，聚合服务器将模型融合更新，达到在数据安全且隐私保护的情况下协同训练模型，趋近实现数据直接融合训练的效果，如图5-7所示。

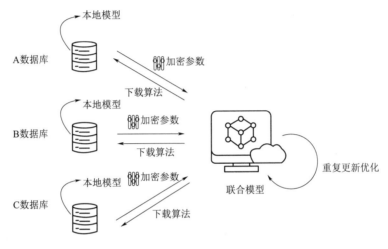

图5-7 联邦学习机制示意图

根据数据分布的不同情况，联邦学习大致分为三类，即横向联邦学习、纵向联邦学习与联邦迁移学习。横向联邦学习指的是在不同数据集之间数据特征重叠较多而用户重叠较少的情况下，按照用户维度对数据集进行切分，并取出双方数据特征相同而用户不完全相同的那部分数据进行训练。纵向联邦学习指的是在不同数据集之间用户重叠较多而数据特征重叠较少的情况下，按照数据特征维度对数据集进行切分，并取出双方针对相同用户而数据特征不完全相同的那部分数据进行训练。联邦迁移学习指的是在多个数据集的用户与数据特征重叠都较少的情况下，不对数据进行切分，而是利用迁移学习来克服数据或标签不足的情况。

基于联邦学习的隐私保护技术与模型融合技术，可用于解决电力领域数据共享所面临的问题。

5.5.2 数据脱敏技术

近年来，在国际上数据安全事件频发，尤其是数据泄露事件，根据 Risk Based Security 于 2019 年下半年发布的数据，整个 2019 年上半年发生数据泄露事件 3800 余起，相对于 2018 年同期数据增长了 54%。数据泄露事件通常还会带来显式或隐式的经济损失，安全研究中心 Ponemon Institute 和 IBM Security 联合发布的《2019 年数据泄露成本报告》

中指出，超过 100 万条记录的泄露预计会给企业带来 4200 万美元的损失，当泄露记录超过 5000 万条时，预计带来的损失将达到 3.88 亿美元。

数据脱敏技术是按照一定规则对数据进行变形处理，从而降低隐私数据敏感程度的一种数据处理技术，如用户的住址、身份证号等信息。通过使用数据脱敏技术，可以在使用网络安全技术的基础上进一步减少敏感数据在采集、传输、使用等环节隐私暴露的可能性，极大限度地降低了敏感数据泄露的风险，尽可能降低数据泄露造成的危害。同时，对数据集整体地应用统一的数据脱敏技术，数据的一致性、统计特性等并不会发生改变，依然能够满足后续数据应用的需求。表 5 - 1 所示为数据脱敏示例。

表 5 - 1   数 据 脱 敏 示 例

脱 敏 规 则	数 据 类 型	原 始 数 据	脱 敏 结 果
掩码	用户编号	5104335637	510＊＊＊637
掩码＋删除	客户姓名	张建国	张＊
截断	家庭住址	安徽省合肥市政务区置地广场	安徽省合肥市

数据脱敏的基本原理是通过脱敏算法将敏感数据进行遮蔽、变形，将敏感级别降低后对外发放，或供访问使用。从技术上，数据脱敏可以分为静态数据脱敏和动态数据脱敏两种。

1. 静态数据脱敏

静态数据脱敏的主要目标是实现对完整的数据集进行批量数据脱敏处理。一般地，需要首先制定数据脱敏规则，而后使用类似 ETL 技术的处理方式，对于数据集进行统一的变形转换处理。在降低数据敏感程度的同时，静态脱敏能够以尽可能小的破坏程度对数据集进行处理，数据原本的内在关联性、统计特征等可更大限度地保留，便于后续挖掘更多有价值的信息。将数据抽取进行静态脱敏处理后下发至脱敏库，开发、测试、培训、分析人员就可以随意取用脱敏数据，并进行读写操作。由于脱敏后的数据与生产环境是隔离开的，因此在满足业务需要的同时也可以保障生产数据的安全。

2. 动态数据脱敏

动态数据脱敏的主要目标是将生产环境返回的数据进行实时脱敏处理，并即时返回处理后的结果。一般通过类似网络代理的中间件技术，按照脱敏规则对可以呈现给用户的部分数据进行即时变形转换处理。在根据脱敏规则降低数据敏感程度的同时，动态脱敏能够最大程度上降低数据需求方获取脱敏数据的延迟。通过设计适当的脱敏规则，即使是实时产生的数据也能够实现实时返回脱敏后的数据给请求访问的用户。动态数据脱敏适用于需要"边脱敏边使用"的场景，通常指在敏感数据需要对外部提供访问查询服务的应用场合。

第6章
基于专利的企业技术创新力评价

为加快国家创新体系建设，增强企业创新能力，确立企业在技术创新中的优势地位，一方面需要真实测度和反映企业的技术创新能力，另一方面需要对企业的创新活动和技术创新力进行动态监测和评价。

基于专利的企业技术创新力评价主要基于可以集中反映创新成果的专利技术，从创新活跃度、创新集中度、创新开放度、创新价值度四个维度全面反映电力信息通信大数据技术领域的企业技术创新力的现状及变化趋势。在建立基于专利的企业技术创新力评价指标体系以及评价模型的基础上，整体上对大数据技术领域的申请人进行了企业技术创新力评价。为确保评价结果的科学性和合理性，大数据技术领域的申请人按照属性不同，分为供电企业、电力科研院、高等院校和非供电企业，利用同一评价模型和同一评价标准，对不同属性的申请人开展了技术创新力评价。通过技术创新力评价全面了解大数据技术领域各申请人的技术创新实力。

以电力信息通信大数据技术领域已申请专利为数据基础，从多维度进行近两年公开专利对比分析、全球专利分析和中国专利分析，在全面了解大数据技术领域的专利布局现状、趋势、热点布局国家/区域、优势申请人、优势技术、专利质量和运营现状的基础上，从区域、申请人、技术等视角映射创新活跃度、创新集中度、创新开放度和创新价值度。

6.1 基于专利的企业技术创新力指标评价技术体系

6.1.1 评价指标体系构建原则

围绕企业高质量发展的特征和内涵，按照科学性与完备性、层次性与单义性、可计算与可操作性、动态性以及可通用性等原则，构建一套衡量企业技术创新力的指标体系。从众多的专利指标中选取便于度量、较为灵敏的重点指标（创新活跃度、创新集中度、创新开放度、创新价值度），以专利数据为基础构建一套适合衡量企业创新发展、高质量发展要求的评价指标体系。

6.1.2 评价指标体系框架

评价企业技术创新力的指标体系中，一级指标为总指数，即企业技术创新力指标。二级指标分别对应四个构成元素，分别为创新活跃度指标、创新集中度指标、创新开放度指标、创新价值度指标，其下设置 4～6 个具体的三级指标，予以支撑。

1. 创新活跃度指标

本指标是衡量申请人的科技创新活跃度，从资源投入活跃度和成果产出活跃度两个方面衡量。创新活跃度指标分别采用专利申请数量、专利申请活跃度、授权专利发明人数活跃度、国外同族专利占比、专利授权率、有效专利数量 6 个三级指标来衡量。

2. 创新集中度指标

本指标是衡量申请人在某领域的科技创新的集聚程度，从资源投入的集聚和成果产出的集聚两个方面衡量。创新集中度指标分别采用核心技术集中度、专利占有率、发明人集中度、发明专利占比 4 个三级指标来衡量。

3. 创新开放度指标

本指标是衡量申请人的开放合作的程度，从科技成果产出源头和科技成果开放应用两个方面衡量。创新开放度指标分别采用合作申请专利占比、专利许可数、专利转让数、专利质押数 4 个三级指标来衡量。

4. 创新价值度指标

本指标是衡量申请人的科技成果的价值实现，从已实现价值和未来潜在价值两个方面衡量。创新价值度指标分别采用高价值专利占比、专利平均被引次数、获奖专利数量和授权专利平均权利要求项数 4 个三级指标来衡量。

本企业技术创新力评价模型的二级指标的数据构成、评价标准及分值分配在附录 A 中进行详细说明。

6.2 基于专利的企业技术创新力评价结果

6.2.1 电力大数据技术领域企业技术创新力排行

表 6 - 1　　　　　　　电力大数据技术领域企业技术创新力排行

申 请 人 名 称	技术创新力指数	排名
中国电力科学研究院有限公司	84.2	1
国网山东省电力公司电力科学研究院	82.2	2
华北电力大学	75.6	3
广东电网有限责任公司电力科学研究院	74.9	4
南京南瑞继保电气有限公司	74.8	5
国电南瑞科技股份有限公司	73.6	6
国网湖南省电力有限公司	73.0	7
国网江苏省电力有限公司	72.4	8
南瑞集团有限公司	72.4	9
清华大学	72.1	10

6.2.2 电力大数据技术领域供电企业技术创新力排名

表 6-2　　　　　　　　电力大数据技术领域供电企业技术创新力排名

申 请 人 名 称	技术创新指数	排名
国网湖南省电力有限公司	73.0	1
国网江苏省电力有限公司	72.4	2
国网福建省电力有限公司	72.1	3
国网天津市电力公司	69.3	4
国网上海市电力公司	67.3	5
中国南方电网有限责任公司电网技术研究中心	66.6	6
广州供电局有限公司	66.5	7
国网山东省电力公司	66.4	8
国网辽宁省电力有限公司	66.2	9
国网北京市电力公司	65.7	10

6.2.3 电力大数据技术领域科研院所技术创新力排名

表 6-3　　　　　　　　电力大数据技术领域科研院所技术创新力排名

申 请 人 名 称	技术创新指数	排名
中国电力科学研究院有限公司	84.2	1
国网山东省电力公司电力科学研究院	82.2	2
广东电网有限责任公司电力科学研究院	74.9	3
国网冀北电力有限公司电力科学研究院	71.2	4
全球能源互联网研究院	71.0	5
国网河南省电力有限公司电力科学研究院	69.5	6
国网湖北省电力有限公司电力科学研究院	69.4	7
国网江苏省电力有限公司电力科学研究院	68.0	8
国网电力科学研究院武汉南瑞有限责任公司	66.8	9
广西电网有限责任公司电力科学研究院	65.9	10

6.2.4 电力大数据技术领域高校技术创新力排名

表 6-4　　　　　　　　电力大数据技术领域高校技术创新力排名

申 请 人 名 称	技术创新指数	排名
华北电力大学	75.6	1
清华大学	72.1	2
华中科技大学	71.0	3

申 请 人 名 称	技术创新指数	排名
北京邮电大学	70.7	4
山东大学	69.9	5
武汉大学	66.0	6
济南大学	66.0	7
北京航空航天大学	65.9	8
四川大学	65.2	9
浙江理工大学	65.1	10

6.2.5 电力大数据技术领域非供电企业技术创新力排名

表 6-5 电力大数据技术领域非供电企业技术创新力排名

申 请 人 名 称	综合创新指数	排名
南京南瑞继保电气有限公司	74.8	1
国电南瑞科技股份有限公司	73.6	2
南瑞集团有限公司	72.4	3
北京中电普华信息技术有限公司	67.2	4
北京国电通网络技术有限公司	66.8	5
北京科东电力控制系统有限责任公司	66.7	6
许继集团有限公司	66.3	7
国网信通亿力科技有限责任公司	65.9	8
江苏方天电力技术有限公司	57.9	9
江苏电力信息技术有限公司	57.6	10

6.3 电力大数据技术领域专利分析

6.3.1 近两年公开专利对比分析

本节重点从专利公开量、居于排行榜上的专利申请人和居于排行榜上的细分技术分支三个维度对比 2019 年和 2018 年的变化。

6.3.1.1 专利公开量变化对比分析

如图 6-1 所示，在全球范围内看整体变化，2019 年的专利公开量增长率相对于 2018 年的专利公开量增长率降低了 24.1 个百分点。具体的，2018 年专利公开量的增长率为 49.1%，2019 年专利公开量的增长率为 25.0%。

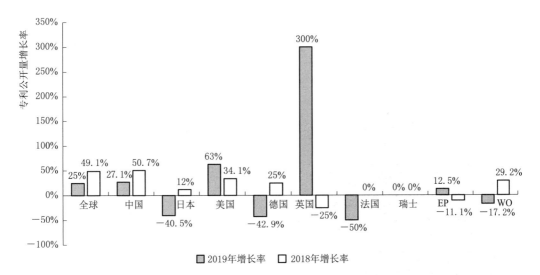

图 6-1　专利公开量增长率对比图（2018 年度和 2019 年度）

各个国家/地区的公开量增长率的变化不同。2019 年相对于 2018 年的专利公开量增长率升高的国家/地区包括美国、英国和 EP。2019 年相对于 2018 年的专利公开量增长率无变化或降低的国家/地区包括中国、日本、德国、法国、瑞士和 WO。

美国 2019 年的专利公开量增长率相对于 2018 年的专利公开量增长率增长了 28.9 个百分点。英国 2019 年的专利公开量增长率相对于 2018 年的专利公开量增长率增长了 325 个百分点。EP2019 年的专利公开量增长率相对于 2018 年的专利公开量增长率增长了 23.6 个百分点。

中国 2019 年的专利公开量增长率相对于 2018 年的专利公开量增长率降低了 23.6 个百分点。日本 2019 年的专利公开量增长率相对于 2018 年的专利公开量增长率降低了 52.5 个百分点。德国 2019 年的专利公开量增长率环比降低了 67.9 个百分点。法国 2019 年的专利公开量增长率环比降低了 50 个百分点。WO2019 年的专利公开量增长率环比降低了 46.4 个百分点。

瑞士 2019 年的专利公开量增长率相对于 2018 年的专利公开量增长率无变化。

可以采用 2019 年的专利公开量增长率相对于 2018 年的专利公开量增长率的变化表征主要国家/地区在大数据技术领域近两年的创新活跃度的变化。整体上来看，在全球范围内，2019 年的创新活跃度较 2018 年的创新活跃度低。聚焦至主要国家/地区，2019 年的创新活跃度较 2018 年的创新活跃度高的国家/地区包括美国、英国和 EP。2019 年的创新活跃度较 2018 年的创新活跃度低的国家/地区包括中国、日本、德国、法国、瑞士和 WO。

6.3.1.2　申请人变化对比分析

如图 6-2 所示，2019 年居于排行榜上的供电企业的数量较 2018 年无变化。但是，具体的供电企业和排名有所变化。

同时居于 2019 年和 2018 年排行榜上的供电企业包括国家电网有限公司、中国电力科学研究院有限公司、广东供电企业有限责任公司、国网江苏省电力有限公司、国网上海

图 6-2 申请人排行榜对比图（2018 年度和 2019 年度）

市电力公司和国网天津市电力公司。2019 年新晋级至排行榜上的供电企业包括国网浙江省电力有限公司、国网信息通信产业集团有限公司。

2019 年居于排行榜上的高等院校的数量较 2018 年无变化，但是，具体的高等院校有所变化。同时居于 2019 年和 2018 年排行榜上的高等院校为华北电力大学，2019 年新晋级至排行榜上的高等院校为东南大学。

可以采用 2019 年的申请人相对于 2018 年的申请人的变化，从申请人的维度表征创新集中度的变化。整体上讲，2019 年相对于 2018 年，在大数据技术领域的技术集中度整体上无变化，局部有调整。

6.3.1.3 细分技术分支变化对比分析

如图 6-3 所示，同时位于 2019 年排行榜和 2018 年排行榜上的技术点包括 G06Q10/04

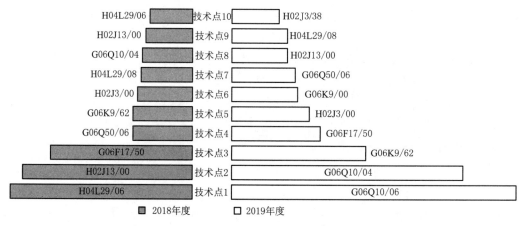

图 6-3 技术点排行榜对比图（2018 年度和 2019 年度）

（大数据技术应用在"预测或优化，例如线性规划、旅行商问题或下料问题"）、G06Q10/06（大数据技术应用在"源、工作流、人员或项目管理，例如组织、规划、调度或分配时间、人员或机器资源；企业规划；组织模型"）、H04L29/08（大数据技术应用在"传输控制规程，例如数据链级控制规程"）、H02J3/00（大数据技术应用在"交流干线或交流配供电企业络的电路装置"）、G06K9/62（大数据技术应用在"应用电子设备进行识别的方法或装置"）、G06F17/50（大数据技术应用在"计算机辅助设计"）、H02J13/00（大数据技术应用在"对网络情况提供远距离指示的电路装置；对配供电企业络中的开关装置进行远距离控制的电路装置"）。

2019年居于排行榜的新增技术点包括G06K9/00（大数据技术应用在"用于阅读或识别印刷或书写字符或者用于识别图形"）、H04L29/06（大数据技术应用在"以协议为特征的"）和H02J3/38（大数据技术应用在"由两个或两个以上发电机、变换器或变压器对1个网络并联馈电的装置"）。

可以采用2019年的优势细分技术分支相对于2018年的优势细分技术分支的变化，从细分技术分支的维度表征创新集中度的变化。从以上数据可以看出，2019年相对于2018年的创新集中度整体上变化不大，局部有所调整。

6.3.2　全球专利分析

本章节重点从总体情况、全球地域布局、全球申请人、国外申请人和技术主题五个维度展开分析。

拟通过总体情况分析洞察大数据技术领域在全球已申请专利的整体情况（已储备的专利情况）以及当前的专利申请活跃度。以揭示全球申请人在全球的创新集中度和创新活跃度。

通过全球地域布局分析洞察大数据技术领域在全球的"布局红海"和"布局蓝海"，以从地域的维度揭示创新集中度。

通过全球申请人和国外申请人分析洞察大数据技术的专利主要持有者，主要持有者持有的专利申请总量，以及在专利申请总量上占有优势的申请人的当前专利申请活跃情况，以从申请人的维度揭示创新集中度和创新活跃度。

通过技术主题分析洞察大数据技术的技术布局热点和热点技术的专利申请活跃度，以从技术的维度揭示创新集中度和创新活跃度。

6.3.2.1　总体情况分析

以电力信通领域大数据技术为检索边界，获取七国两组织（中国、美国、日本、德国、英国、法国、瑞士、EP和WO）的专利数据，如图6-4所示，总体情况分析涉及含有中国专利申请总量的七国两组织数据以及不包含中国专利申请总量的国外专利数据。

如图6-4所示，近20年，大数据技术领域的全球市场主体在七国两组织的专利申请总量为14031件，其中，不包含中国的专利申请总量1034件。

2007年之后，其他国家（不包含中国）专利申请增速缓慢的前提下，全球专利申请增速显著上升，中国是提高全球专利申请速度的主要贡献国。2007年之前，包含中国的专利申请趋势和不包含中国的专利申请趋势基本一致，在该阶段整体上略有增长，但是增速较低。

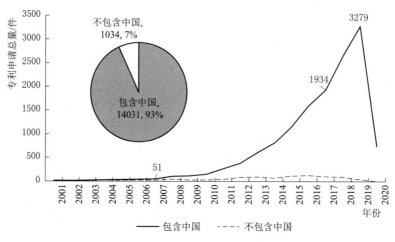

图 6-4　七国两组织专利申请趋势图

采用专利申请活跃度表征全球在大数据技术领域的创新活跃度，从以上数据可以看出，专利申请活跃度为 70% 左右，全球申请人在大数据技术领域的创新活跃度较高。

6.3.2.2　地域布局分析

如图 6-5 所示，近 20 年，电力信通领域大数据技术，全球申请人在七国两组织范围内申请的 14000 余件专利中，在中国的专利申请总量占据在七国两组织专利申请总量的 93%，即 93% 的专利集中在中国，中国是专利申请的主要目标国。

在美国的专利申请总量位居第二，与位居第一的中国的专利申请总量具有较大差距。

在日本的专利申请总量位居第三，与位居第二的美国的专利申请总量略有差距。

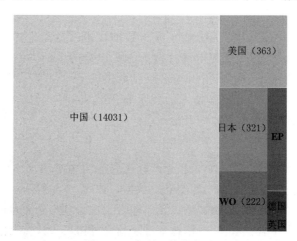

图 6-5　专利地域分布图

在德国、法国、英国和瑞士的专利申请总量显著减少，不足百件。

从以上的数据可以看出，当前，中国是大数据技术的"布局红海"，美国和日本次之，法国、英国和瑞士是大数据技术的"布局蓝海"。可以采用在各个国家/地区的专利申请总量，从地域的角度表征全球在大数据技术领域的创新集中度。2009 年之后，在中国的专利申请增速显著的情况下，在中国的创新集中度较高，在美国和日本的创新集中度基本相当，但与在中国的创新集中度差距较大。

6.3.2.3 申请人分析

6.3.2.3.1 全球申请人分析

如图6-6所示，从地域上看，居于全球专利申请排行榜上的申请人均为中国申请人。

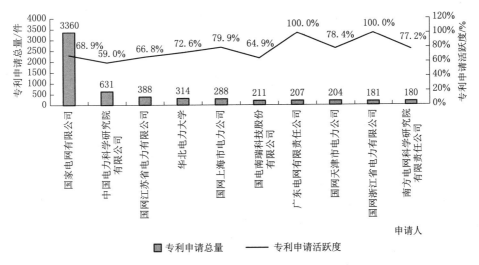

图6-6 全球申请人申请量及申请活跃度分布图

从专利申请数量看，居于排行榜榜首的国家电网有限公司，以3360件的专利申请总量遥遥领先于居于排行榜上的其他申请人。中国电力科学研究院有限公司，以631件的专利申请总量居于排行榜的第二名。居于第二名的中国电力科学研究院有限公司的专利申请总量仅为居于榜首的国家电网有限公司申请总量的1/5，差距较大，国网江苏省电力有限公司，以388件的专利申请总量居于排行榜的第三名，与居于第二名的中国电力科学研究院有限公司的专利申请总量略有差距。

从专利申请活跃度看，居于排行榜上的申请人的专利申请活跃度的均值为76.8%。专利申请活跃度高于均值的申请人包括广东电网有限责任公司（100%）、国网浙江省电力有限公司（100%）、国网上海市电力公司（79.9%）、国网天津市电力公司（78.4%）和南方电网科学研究院有限责任公司（77.2%）。专利申请活跃度低于均值的申请人包括华北电力大学（72.6%）、国家电网有限公司（68.9%）、国网江苏省电力有限公司（66.8%）、国电南瑞科技股份有限公司（64.9%）和中国电力科学研究院有限公司（59.0%）。

可以采用居于排行榜上的申请人的专利申请总量，从申请人（创新主体）的维度揭示创新集中度，采用居于排行榜上的申请人的专利申请活跃度揭示申请人的当前创新活跃度。整体上看，在中国专利申请总量相对于其他国家/地区的专利申请总量表现突出的情况下，中国专利申请人的创新集中度和创新活跃度均较高。

6.3.2.3.2 国外申请人分析

如图6-7所示，从地域上看，居于排行榜上的日本申请人的数量表现突出。居于排行榜上的 10 个国外申请人中，日本申请人的数量为 6 个，其他国家/地区的申请人的数量为 4 个。

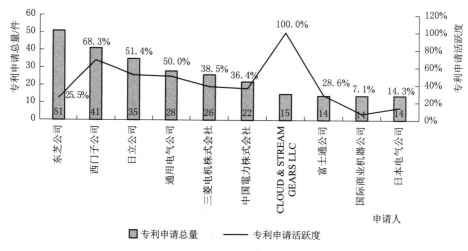

图 6-7   国外申请人申请量及活跃度分布图

东芝公司以 51 件的专利申请总量居于榜首，德国的西门子公司（41 件）居于第二名，日立公司（35 件）居于第三名，排行榜前三名差距不大。位于日立公司之后的其他榜上申请人的专利申请总量基本分布在 10 件至 30 件之间。

虽然日本申请人的数量以及专利申请数量较多，但是，日本申请人的专利申请活跃度相对较低。具体的，日本申请人的专利申请活跃度的均值仅为 32.4％。而其他国家/地区申请人的专利申请活跃度的均值为 56.4％，即其他国家/地区申请人的专利申请活跃度较日本申请人的专利申请活跃度高出 24 个百分点。整体上看，日本申请人的创新集中度、创新活跃度较中国申请人低，但是日本申请人相较于其他国家/地区申请人的创新集中度高，且创新活跃度较低。

6.3.2.4   技术主题分析

采用国际分类号 IPC（聚焦至小组）表征大数据技术的细分技术分支。首先，从专利申请总量排名前 10 的细分技术分支近 20 年的专利申请态势，洞察未来专利申请的趋势。其次，从各细分技术分支对应的专利申请总量和专利申请活跃度两个维度，对比不同细分技术分支之间的差异。

如图 6-8 及表 6-6 所示，从时间轴（横向）看各细分技术分支的专利申请变化趋势，可知：

表 6-6   IPC 含义及专利申请量

IPC	含 义	专利申请量
G06Q10/06	资源、工作流、人员或项目管理，例如组织、规划、调度或分配时间、人员或机器资源；企业规划；组织模型	1589
G06Q10/04	预测或优化，例如线性规划、旅行商问题或下料问题	1312

续表

IPC	含　义	专利申请量
G06F17/30	特别适用于特定功能的数字计算设备或数据处理设备或数据处理方法	1028
G06Q50/06	电力、天然气或水供应	715
H02J13/00	对网络情况提供远距离指示的电路装置；对配电网络中的开关装置进行远距离控制的电路装置	581
G06K9/62	应用电子设备进行识别的方法或装置	548
H02J3/00	交流干线或交流配电网络的电路装置	533
H04L29/08	传输控制规程，例如数据链级控制规程	492
G06F17/50	计算机辅助设计	432
G01R31/00	电性能的测试装置；电故障的探测装置；以所进行的测试在其他位置未提供为特征的电测试装置	353

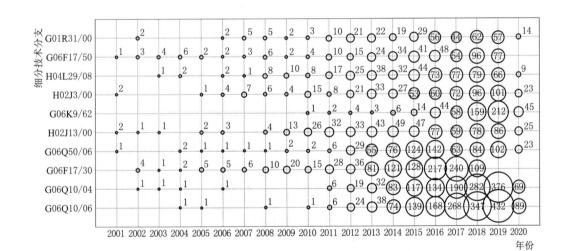

图 6-8　细分技术分支的专利申请趋势图

　　每一细分技术分支的专利申请量随着时间的推移均呈现出增长的态势。其中，专利申请总量位于榜首的 G06Q10/06（大数据技术应用在"资源、工作流、人员或项目管理，例如组织、规划、调度或分配时间、人员或机器资源；企业规划：组织模型"）的专利申请起步于 2011 年，虽然，相对于其他细分技术分支的起步较晚，但是，自 2011 年开始至今呈现出持续增长的态势，而且专利申请的增长速度较快。

　　专利申请总量位于第二的 G06Q10/04（大数据技术应用在"预测或优化，例如线性规划、旅行商问题或下料问题"）的专利申请也是起步于 2011 年，2011 年至今也呈现出持续增长的态势，但是，专利申请的增长速度较 G06Q10/06 略低。

专利申请量位于第三的 G06F17/30（大数据技术应用在"特定功能的数字计算设备或数据处理设备或数据处理方法"）的专利申请起步于 1998 年，较专利申请总量位于第一的 G06Q10/06 以及专利申请总量位于第二的 G06Q10/04 的起步较早。然而 1998—2010 年，每年仅有零星的专利申请，虽然 2011—2017 年，专利申请呈现出持续增长的态势，但是 2017 年至今，专利申请呈现出断崖式下降的态势。

专利申请总量位于第四的 G06Q50/06（大数据技术应用在"电力、天然气或水供应"）的专利申请起步于 2011 年，2011—2016 年呈现出平稳增长的态势，2017 年呈现出短暂的下降后，2017 年至今又呈现出平稳增长的态势。

专利申请总量排名第五的 H02J13/00（大数据技术应用在"对网络情况提供远距离指示的电路装置：对配电网络中的开关装置进行远距离控制的电路装置"）的专利申请起步于 2009 年，2010 年至今呈现出持续增长的态势。

对比不同 IPC 对应的年度专利申请量的变化，以洞察不同细分技术分支的发展差异，可知：专利申请总量排名前二的 G06Q10/06 和 G06Q10/04 在增长周期内的增长速度较排名第三至第五的 G06F17/30、G06Q50/06、HO2J13/00 的增长速度高，可以预估未来在 G06Q10/06 和 G06Q10/04 细分技术分支的专利申请会呈现出持续增长的趋势。

如图 6-9 所示，从专利申请总量看各细分技术分支的差异，可知：

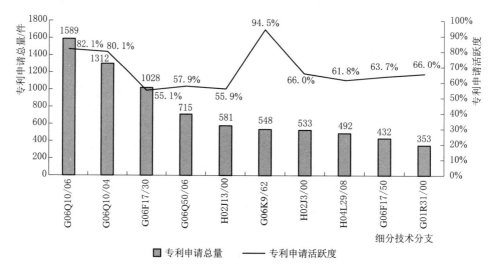

图 6-9　细分技术分支的专利申请总量及活跃度分布图

居于排行榜上的细分技术分支的专利申请总量大体可以划分为三个梯队。分别是专利申请总量超过 1000 件的第一梯队、专利申请总量处于 500～1000 之间的第二梯队以及专利申请总量不足 500 的第三梯队。

处于第一梯队的细分技术分支的数量为 3 个，具体涉及 G06Q10/06（大数据技术应用在"资源、工作流、人员或项目管理，例如组织、规划、调度或分配时间、人员或机器资源；企业规划；组织模型"）、G06Q10/04（大数据技术应用在"预测或优化，例如线性规划、'旅行商问题'或'下料问题'"中）和 G06F17/30（大数据技术应用在"特定功能的数字计算设备或数据处理设备或数据处理方法")。

处于第二梯队的细分技术分支的数量为 4 个，具体涉及 G06Q50/06（大数据技术应用在"电力、天然气或水供应"）、HO2J13/00（大数据技术应用在"对网络情况提供远距离指示的电路装置：对配电网络中的开关装置进行远距离控制的电路装置"）、G06K9/62（大数据技术应用在"应用电子设备进行识别的方法或装置"）和 HO2J3/00（大数据技术应用在"对网络情况提供远距离指示的电路装置：对配电网络中的开关装置进行远距离控制的电路装置"）。

处于第三梯队的细分技术分支的数量为 4 个，具体涉及 H04L29/08（大数据技术应用在"传输控制规程，例如数据链级控制规程"）、GO6F17/50（大数据技术应用在"计算机辅助设计"）、GO1R31/00（大数据技术应用在"电性能的测试装置：电故障的探测装置：以所进行的测试在其他位置未提供为特征的电测试装置"）。

从专利申请活跃度看各细分技术分支的差异：

处于第一梯队、第二梯队、第三梯队的细分技术分支的专利申请活跃度均值分别是 72.4％、68.6％和 63.8％。专利申请总量处于第一梯队的细分技术分支的专利申请活跃度最高、第二梯队次之、第三梯队最低。

从以上数据可以看出，大数据技术应用在"资源、工作流、人员或项目管理，例如组织、规划、调度或分配时间、人员或机器资源；企业规划；组织模型"中是当前的布局热点，即在上述细分技术分支的创新集中度较高，而且相对于其他细分技术分支的当前创新活跃度也较高。

6.3.3 中国专利分析

本节重点从中国专利申请的总体情况、申请人、技术主题、专利质量和专利运用五个维度开展分析。

通过总体情况分析洞察电力信通领域大数据技术在中国已申请专利的整体情况以及当前的专利申请活跃度，以重点揭示申请人在中国的创新集中度和创新活跃度。

通过申请人分析洞察大数据技术的专利主要持有者、主要持有者的专利申请总量以及在专利申请总量上占有优势的申请人的当前专利申请活跃度情况，以从申请人的维度揭示创新集中度和创新活跃度。

通过技术主题分析洞察大数据技术的技术布局热点和各热点技术的专利申请活跃度，以从技术的维度揭示创新集中度和创新活跃度。

通过专利质量分析洞察创新价值度，并进一步通过高质量专利的优势申请人分析以洞察高质量专利的主要持有者，通过专利运营分析洞察创新开放度情况。

6.3.3.1 总体情况分析

以电力信通领域大数据技术为检索边界，获取在中国申请的专利数据，如图 6-10 所示，总体情况分析涉及总体（包括发明和实用新型）申请趋势、发明专利的申请趋势和实用新型专利的申请趋势。

如图 6-10 所示，近 20 年，电力信通领域大数据技术领域全球市场主体在中国的专利申请总量 14000 余件。

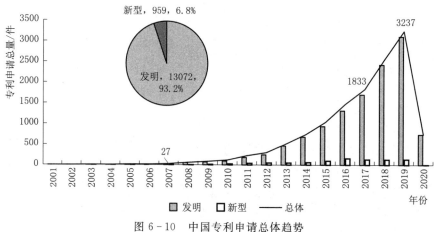

图 6-10 中国专利申请总体趋势

从专利申请趋势看，总体上可以划分为三个阶段，分别是萌芽期（2001—2007 年）、缓慢增长期（2007—2012 年）和快速增长期（2012 年至今）。自 2012 年之后，专利申请呈现出快速上升态势，在上述三个阶段，均以发明专利申请为主，实用新型专利的年度申请数量少且增长速度慢。虽然自 2019 年至今呈现出趋于平稳后的下降态势，但该现象是由专利申请后的公开滞后性导致，也就是说该态势为一种假性态势。

可以采用中国专利申请活跃度表征中国在大数据技术领域的创新活跃度。从以上数据可以看出，当前中国在大数据技术领域的创新活跃度较高。

6.3.3.2 申请人分析

6.3.3.2.1 申请人综合分析

如图 6-11 所示，从专利申请总量看，国家电网有限公司居于榜首，专利申请总量为 3360 件。中国电力科学研究院有限公司居于第二名，专利申请总量为 631 件，与位于榜首的国家电网有限公司差距较大。国网江苏省电力有限公司位于第三名，专利申请总量为 388 件，与位于第二名的中国电力科学研究院有限公司差距较小。

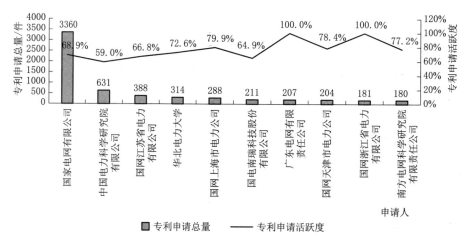

图 6-11 中国专利的申请人申请量及申请活跃度分布图

从专利申请活跃度看，供电企业表现突出，其中广东电网有限责任公司和国网浙江省电力有限公司活跃度均达到了100.0%，近五年申请非常活跃。

在申请人属性方面，8个申请人属于供电企业和电力科研院，1个申请人为非供电企业，1个申请人为高等院校。

可以采用居于排行榜上的申请人的专利申请总量揭示创新集中度，采用居于排行榜上的申请人近五年的专利申请活跃度揭示创新活跃度。整体上看，大数据技术在供电企业和电力科研院集中度相对于其他属性的申请人的创新集中度高，供电企业和电力科研院整体的创新活跃度也相对较高。

6.3.3.2.2 国外申请人分析

整体上看，在中国进行专利申请（布局）的国外申请人的数量较少，而且，在中国已进行专利申请的国外申请人的专利申请数量较少。

如图6-12所示，从国外申请人所属国别看，5个国外申请人来自于美国（通用电气公司、IBM公司、微软公司、波音公司和高通股份有限公司），2个国外申请人来自于瑞士（ABB技术公司和埃森哲环球服务有限技术公司），2个国外申请人来自于日本（日立公司和索尼公司），1个国外申请人来自于德国（西门子公司）。典型的，ABB技术公司以12件的专利申请总量居于榜首，通用电气公司以9件的专利申请总量居于第二名，IBM公司以8件的专利申请总量居于第三名。

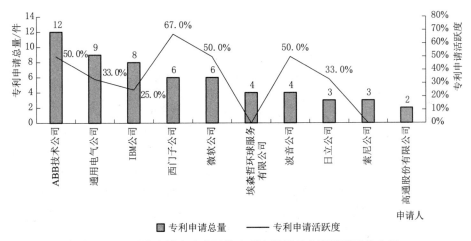

图6-12 国外申请人在中国的专利申请量及申请活跃度分布图

居于排行榜上的国外申请人的专利申请活跃度的均值为30.8%。专利申请活跃度高于均值的申请人包括西门子公司（66.7%）、ABB技术公司（50.0%）、微软公司（50.0%）、波音公司（50.0%）、通用电气公司（33.3%）和日立公司（33.3%）。专利申请活跃度低于均值的申请人包括IBM公司（25.0%）、埃森哲环球服务有限公司（0%）、索尼公司（0%）和高通股份有限公司（0%）。

可以采用居于排行榜上的国外申请人的专利申请总量揭示创新集中度，采用居于排行榜上的国外申请人的专利申请活跃度揭示申请人的当前创新活跃度。整体上看，国外申请人与中国本土申请人相比，创新集中度与创新活跃度均较低。

6.3.3.2.3 供电企业分析

如图 6-13 所示，从专利申请总量看，国家电网有限公司以 3360 件的专利申请总量居于榜首。国网上海市电力公司以 288 件的专利申请总量居于第二名。广东电网有限责任公司以 207 件的专利申请总量居于第三名。可见，国家电网有限公司的专利申请总量遥遥领先于其他供电企业，其他供电企业的专利申请总量虽有差距，但是差距较小。

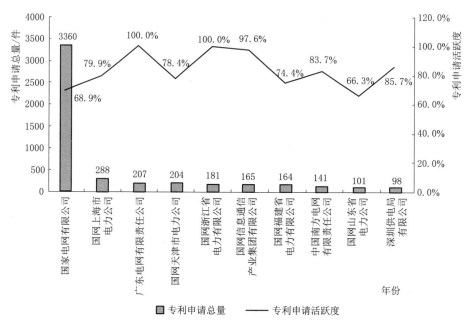

图 6-13 供电企业申请量及申请活跃度分布图

从申请活跃度看，居于排行榜上的供电企业的专利申请活跃度的均值为 80.2%。其中，专利申请活跃度高于均值的申请人包括广东电网有限责任公司（100%）、国网浙江省电力有限公司（100%）、国网信息通信产业集团有限公司（97.6%）、深圳供电局有限公司（85.7%）和中国南方电网有限责任公司（83.7%）。专利申请活跃度低于均值的申请人包括国网上海市电力公司（79.9%）、国网天津市电力公司（78.4%）、国网福建省电力有限公司（74.4%）、国家电网有限公司（68.9%）和国网山东省电力有限公司（66.3%）。

可以采用居于排行榜上的供电企业的专利申请总量揭示申请人的创新集中度。采用居于排行榜上的供电企业的专利申请活跃度揭示供电企业的当前创新活跃度。整体上看，供电企业的创新集中度和创新活跃度相对较高。

6.3.3.2.4 非供电企业分析

如图 6-14 所示，整体上来看，非供电企业持有的专利申请总量较供电企业持有的专利申请总量较少。

从专利申请总量看，国电南瑞科技股份有限公司以 211 件的专利申请总量居于榜首。南瑞集团有限公司以 111 件的专利申请总量居于第二名。北京科东电力控制系统有限责任公司以 90 件的专利申请总量居于第三名。

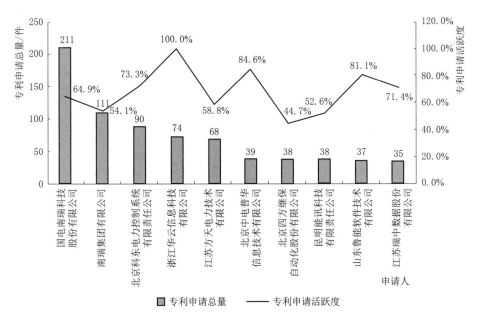

图 6-14 非供电企业申请量及申请活跃度分布图

居于排行榜上的非供电企业的专利申请活跃度的均值为 73.7%，较居于排行榜上的供电企业的专利申请活跃度（80.2%）低了 6.5 个百分点。专利申请活跃度高于均值的申请人包括浙江华云信息科技有限公司（100%）、北京中电普华信息技术有限公司（84.6%）和山东鲁能软件技术有限公司（81.1%）。专利申请活跃度低于均值的申请人包括北京科东电力控制系统有限责任公司（73.3%）、江苏瑞中数据股份有限公司（71.4%）、国电南瑞科技股份有限公司（64.9%）、江苏方天电力技术有限公司（58.8%）、昆明能讯科技有限责任公司（52.6%）和北京四方继保自动化股份有限公司（44.7%）。

可以采用居于排行榜上的非供电企业的专利申请总量揭示申请人的创新集中度，采用居于排行榜上的非供电企业的专利申请活跃度揭示非供电企业的当前创新活跃度。整体上看，非供电企业的创新集中度和创新活跃度相对于供电企业均较低。

6.3.3.2.5 电力科研院分析

如图 6-15 所示，整体上来看，居于排行榜上的电力科研院持有的专利申请量的均值为 128 件。电力科研院持有的专利申请总量较供电企业少，较非供电企业多。中国电力科学研究院有限公司以 631 件的专利申请总量居于榜首，南方电网科学研究院有限责任公司以 180 件的专利申请总量居于第二名，与第二名差距较大，国网山东省电力公司电力科学研究院申请量 127 件排名第三。

从申请活跃度看，居于排行榜上的电力科研院的专利申请活跃度的均值为 74.4%，较居于排行榜上的供电企业的专利申请活跃度（80.2%）低 5.8 个百分点。比居于排行榜上的非供电企业的专利申请活跃度（73.7%）高 0.7 个百分点。其中，专利申请活跃度高于均值（74.4%）的申请人包括南方电网科学研究院有限责任公司（77.2%）、全球能源互联网研究院（78.1%）、广西电网有限责任公司电力科学研究院（95.3%）、国网辽宁

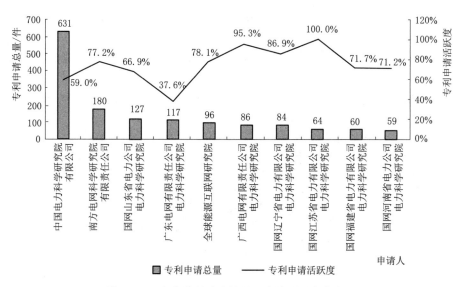

图 6-15　电力科研院申请量及申请活跃度分布图

省电力有限公司电力科学研究院（86.9％）和国网江苏省电力有限公司电力科学研究院
（100.0％）。专利申请活跃度低于均值（74.4％）的申请人包括国网福建省电力有限公司
电力科学研究院（71.7％）、国网河南省电力公司电力科学研究院（71.2％）、国网山东
省电力公司电力科学研究院（66.9％）、中国电力科学研究院有限公司（59.0％）和广东
电网有限责任公司电力科学研究院（37.6％）。

从以上的数据可以看出，电力科研院在中国的创新集中度较供电企业低，较非供电
企业高。电力科研院的创新活跃度较供电企业低，与非供电企业基本持平。

6.3.3.2.6　高等院校分析

如图 6-16 所示，整体上来看，居于排行榜上的高等院校持有的专利申请均值为 128

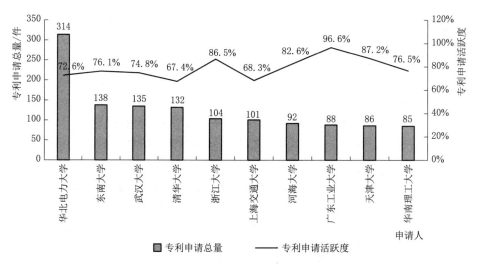

图 6-16　高等院校申请量及申请活跃度分布图

件左右。高等院校持有的专利申请总量较供电企业少，与电力科研院持有基本持平，较非供电企业申请人多。典型的，华北电力大学以314件的专利申请总量居于榜首。东南大学以138件的专利申请总量居于第二名，武汉大学以135件的专利申请总量居于第三名。

从申请活跃度看，居于排行榜上的高等院校的专利申请活跃度的均值为78.9%，较居于排行榜上的供电企业的专利申请活跃度（80.2%）低1.3个百分点，较居于排行榜上的非供电企业的专利申请活跃度（73.7%）高5.2个百分点。较居于排行榜上的电力科研院的专利申请活跃度（2.8%）高6.1个百分点。其中，专利申请活跃度高于均值的申请人包括广东工业大学（96.6%）、天津大学（87.2%）、浙江大学（86.5%）和河海大学（82.6%）。专利申请活跃度低于均值的申请人包括华南理工大学（76.5%）、东南大学（76.1%）、武汉大学（74.8%）、华北电力大学（72.6%）、上海交通大学（68.3%）和清华大学（67.4%）。

可以采用居于排行榜上的高等院校的专利申请总量揭示申请人的创新集中度。采用居于排行榜上的高等院校的专利申请活跃度揭示申请人的当前创新活跃度。整体上看，高等院校在中国的创新集中度相对于供电企业较低，创新集中度相对于非供电企业略高，与电力科研院基本持平。高等院校的创新活跃度较供电企业低，较非供电企业和电力科研院略高。

6.3.3.3 技术主题分析

6.3.3.3.1 技术分支分析

采用国际分类号IPC（聚焦至小组）表征大数据领域的细分技术分支。首先，从专利申请总量排名前10的细分技术分支近20年的专利申请态势，洞察未来专利申请的趋势；其次，从各细分技术分支对应的专利申请总量和专利申请活跃度两个维度，对比不同细分技术分支之间的发展差异。

如图6-17以及表6-7所示，从时间轴（横向）看各细分技术分支的专利申请变化可知：

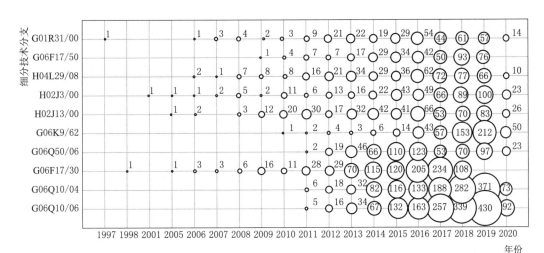

图6-17 细分技术分支的专利申请趋势图

表 6-7   IPC 含义及专利申请量

IPC	含　义	专利申请量
G06Q10/06	资源、工作流、人员或项目管理，例如组织、规划、调度或分配时间、人员或机器资源；企业规划；组织模型	1535
G06Q10/04	预测或优化，例如线性规划、旅行商问题或下料问题	1301
G06F17/30	特别适用于特定功能的数字计算设备或数据处理设备或数据处理方法	950
G06Q50/06	电力、天然气或水供应	609
G06K9/62	应用电子设备进行识别的方法或装置	545
H02J13/00	对网络情况提供远距离指示的电路装置；对配电网络中的开关装置进行远距离控制的电路装置	498
H02J3/00	交流干线或交流配电网络的电路装置	450
H04L29/08	传输控制规程，例如数据链级控制规程	449
G06F17/50	计算机辅助设计	360
G01R31/00	电性能的测试装置；电故障的探测装置；以所进行的测试在其他位置未提供为特征的电测试装置	344

　　每一细分技术分支的专利申请量随着时间的推移均呈现出增长的态势。专利申请总量位于榜首的 G06Q10/06（大数据技术应用在"资源、工作流、人员或项目管理，例如组织、规划、调度或分配时间、人员或机器资源；企业规划；组织模型"）的专利申请起步于 2011 年，虽然相对于其他细分技术分支的起步较晚，但 2011 年开始至今呈现出持续增长的态势，而且专利申请的增长速度较快。

　　专利申请总量位于第二的 G06Q10/04（大数据技术应用在"预测或优化，例如线性规划、旅行商问题或下料问题"）的专利申请也是起步于 2011 年，2011 年至今也呈现出持续增长的态势，但是，专利申请的增长速度较 G06Q10/06 略低。

　　专利申请量位于第三的 G06F17/30（大数据技术应用在"特定功能的数字计算设备或数据处理设备或数据处理方法"）的专利申请起步于 1998 年，较专利申请总量位于第一的 G06Q10/06 以及专利申请总量位于第二的 G06Q10/04 的起步较早。然而 1998—2010 年，每年仅有零星的专利申请，虽然 2011—2017 年，专利申请呈现出持续增长的态势，但是 2017 年至今，专利申请呈现出断崖式下降的态势。

　　专利申请总量位于第四的 G06Q50/06（大数据技术应用在"电力、天然气或水供应"）的专利申请起步于 2011 年，2011—2016 年呈现出平稳增长的态势，2017 年呈现出短暂的下降后，2017 年至今又呈现出平稳增长的态势。

　　专利申请总量排名第五的 G06K9/62（大数据技术应用在"应用电子设备进行识别的方法或装置"）的专利申请起步于 2010 年，2010 年至今呈现出持续增长的态势。

　　对比不同 IPC 对应的年度专利申请量的变化，以洞察不同细分技术分支的发展差异，可知：

　　专利申请总量排名前两位的 G06Q10/06 和 G06Q10/04 在增长周期内的增长速递较排名第三至第五的 G06F17/30、G06Q50/06、G06K9/62 的增长速率高，可以预估未来在

G06Q10/06 和 G06Q10/04 细分技术分支的专利申请会呈现出持续增长的趋势。

如图 6-18 所示，从专利申请总量看各细分技术分支的差异可知：

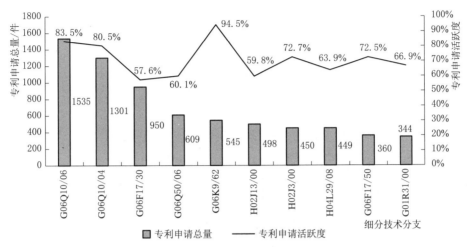

图 6-18 细分技术分支的专利申请总量及活跃度分布图

居于排行榜上的细分技术分支的专利申请总量大体可以划分为三个梯队。分别是专利申请总量超过 1000 件的第一梯队，专利申请总量处于 500~1000 之间的第二梯队，以及专利申请总量不足 500 的第三梯队。

处于第一梯队的细分技术分支的数量为 2 个，具体涉及 G06Q10/06（大数据技术应用在"资源、工作流、人员或项目管理，例如组织、规划、调度或分配时间、人员或机器资源；企业规划；组织模型"）和 G06Q10/04（大数据技术应用在"预测或优化，例如线性规划、'旅行商问题'或'下料问题'"中）。

处于第二梯队的细分技术分支的数量为 3 个，具体涉及 G06F17/30（大数据技术应用在"特别适用于特定功能的数字计算设备或数据处理设备或数据处理方法"）、G06Q50/06（大数据技术应用在"电力、天然气或水供应"）、G06K9/62（大数据技术应用在"应用电子设备进行识别的方法或装置"）。

处于第三梯队的细分技术分支的数量为 5 个，具体涉及 H02J13/00（大数据技术应用在"对网络情况提供远距离指示的电路装置；对配供电企业络中的开关装置进行远距离控制的电路装置"）、H02J3/00（大数据技术应用在"交流干线或交流配供电企业络的电路装置"）、H04L29/08（大数据技术应用在"传输控制规程，例如数据链级控制规程"）、G06F17/50（大数据技术应用在"计算机辅助设计"）、G01R31/00（大数据技术应用在"电性能的测试装置；电故障的探测装置；以所进行的测试在其他位置未提供为特征的电测试装置"）。

从专利申请活跃度看各细分技术分支的差异可知：

处于第一梯队、第二梯队、第三梯队的细分技术分支的专利申请活跃度均值分别是 82.0％、70.7％和 67.2％。专利申请总量处于第一梯队的细分技术分支的专利申请活跃度最高、第二梯队次之，第三梯队最低。

从以上数据可以看出，大数据技术应用在"资源、工作流、人员或项目管理，例如组织、规划、调度或分配时间、人员或机器资源；企业规划；组织模型"中是当前的布局热点，即在上述细分技术分支的创新集中度较高，而且相对于其他细分技术分支的当前布局活跃度也较高。

6.3.3.3.2 大数据技术关键词云分析

如图 6 - 19 所示，对大数据技术近 5 年（2015—2020 年）的高频关键词进行分析，可以发现数据库、服务器、数据预处理、数据源等是核心的关键词，呈现以数据为核心的分布。在电力行业涉及大数据技术的主要应用对象为变电站、配电网、光伏发电、充电站等电力设备。大数据涉及的主要性能指标包括准确率、可靠性等。基于前述电力设备的历史数据或传感器实时数据进行数据处理数据分析是主要的应用方式，具体数据分析可以基于特征值采用神经网络进行。

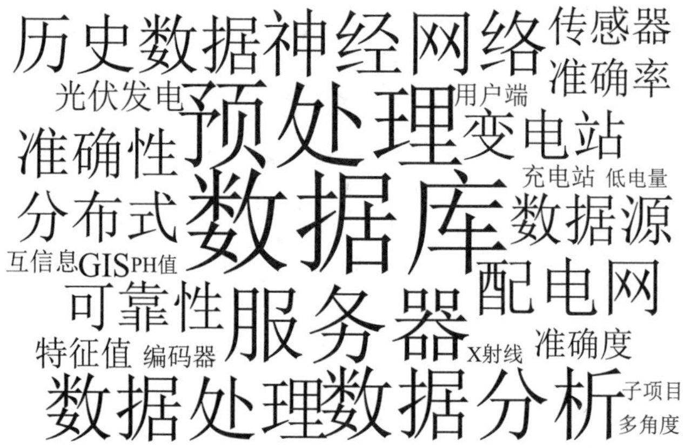

图 6 - 19　大数据技术近 5 年（2015—2020 年）高频关键词词云图

如图 6 - 20 所示，进一步对出现频率较低的长词术语进行分析，可以发现最重要的关键词是支持向量机、主成分分析、分布式电源及深度神经网络，同时也出现了多种类型传感器以及与大数据相关的服务器、数据库、电力市场交易等软硬件资源。基于传感器的电网大数据以及电力交易大数据是电力大数据技术的主要处理的对象。针对大数据的人工智能技术包括长短期记忆、无监督学习、概率图模型等。

图 6 - 20　大数据技术近 5 年（2015—2020 年）低频长词术语词云图

6.3.3.4 专利质量分析

高质量专利是企业重要的战略性无形资产，是企业创新成果价值的重要载体，通常围绕某一特定技术形成彼此联系、相互配套的技术经过申请获得授权的专利集合。高质量专利应当在空间布局、技术布局、时间布局或地域布局等多个维度有所体现。

采用用于评价专利质量的综合指标体系评价专利质量，该综合指标体系从技术价值、法律价值、市场价值、战略价值和经济价值五个维度对专利进行综合评价，获得每一专利的综合评价分值，以星级表示专利的质量高低，其中，5星级代表质量最高，1星级代表质量最低。将4星级及以上定义为高质量的专利，将1星至2.5星的专利定义为低质量专利。

通过专利质量分析，企业可以在了解整个行业技术环境、竞争对手信息、专利热点、专利价值分布等信息的基础上，一方面识别竞争对手的重要专利布局，发现战略机遇，识别专利风险，另一方面也可以结合自身的经营战略和诉求，更高效地进行专利规划和布局，积累高质量的专利组合资产，提升企业的核心竞争力。

如图6-21所示，大数据技术专利质量表现一般。高质量专利（4星及以上的专利）占比为9.6%，而且上述9.6%的高质量专利中，5星级专利占比0.6%。如果将1星至2.5星的专利定义为低质量专利，78.5%的专利为低质量专利。

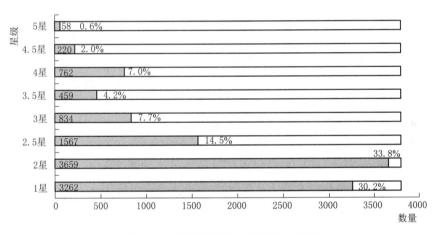

图6-21 大数据授权专利质量分布图

可以采用专利质量表征中国在大数据技术领域的创新价值度，从以上数据可以看出，当前中国在大数据技术领域的创新价值度不高。

如图6-22所示，进一步地，对上述9.6%的高质量专利的申请人进行分析，结果如下：

国家电网有限公司持有的高质量专利数量较多，其拥有的高质量专利数量遥遥领先于同领域的其他创新主体，达到310件。

从创新主体的类型看，高质量专利主要分布在供电企业、电力科研院和高等院校，典型的供电企业和电力科研院包括国家电网有限公司、中国电力科学研究院有限公司和国网江苏省电力有限公司。除了供电企业，还包括多家高等院校，如华北电力大学、武

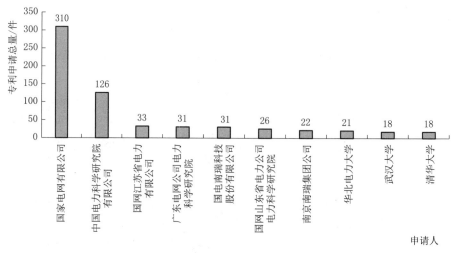

图 6-22　大数据技术高质量专利申请人分布图

汉大学和清华大学，非供电企业未上榜。

中国在大数据技术领域的创新价值度不高的大环境下，供电企业、电力科研院和高等院校的创新价值度较高。

6.3.3.5　专利运营分析

专利运营分析的目的是洞察该领域的申请人对专利显性价值（显性价值即为市场主体利用专利实际获得的现金流）的实现路径，以及不同的显性价值实现路径下，优势申请人和不同类型的申请人选择的路径的区别等。通过上述分析，为电力通信领域申请人在专利运营方面提供借鉴。

通过初步分析发现，专利转让是申请人最为热衷的专利价值实现路径，申请人对专利许可和专利质押路径的热衷度基本一致。

通过初步分析还发现，居于专利转让排行榜上的申请人主要为供电企业和电力科研院。居于专利质押排行榜上的申请人主要为非供电企业。居于专利许可排行榜上的申请人主要为非电网企业、高等院校和个人。

6.3.3.5.1　专利转让分析

如图 6-23 所示，供电企业是实施专利转让路径的主要市场主体。按照专利转让数量由高至低对供电企业进行排名，发现排名前 10 的市场主体中为供电企业和电力科研院。

供电企业中，国家电网有限公司的专利转让数量达 150 件，居于榜首。位于国家电网有限公司之后的其他供电企业和电力科研院的专利转让的数量与国家电网有限公司的专利转让数量相比差距较大。位于国家电网有限公司之后的其他供电企业和电力科研院的专利转让数量由高至低，可以分为两个梯队。位于第一梯队（大于 30 件）的申请人包括 1 个，具体是中国电力科学研究院有限公司。位于第二梯队（不足 30 件）的申请人包括 8 个，分别是北京国电通网络技术有限公司、华北电力大学、国网信息通信产业集团有限公司、东南大学、北京中电飞华通信股份有限公司、山东大学、南京南瑞集团公司和上海交通大学。从以上数据可以看出高校专利转让较为活跃。

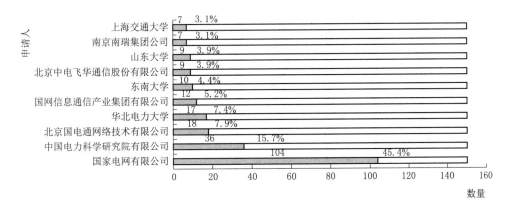

图 6-23 专利转让市场主体排行

可以采用专利转让表征中国在大数据技术领域的创新开放度,从以上数据可以看出,目前中国在大数据技术领域的创新开放度较低。

6.3.3.5.2 专利质押分析

见表6-8,专利质押的数量相对于专利转让的数量较少,截止到2020年9月,专利质押的数量仅为7件。出质人主要集中在非供电企业。从出质时间看,主要集中在近三年。

表6-8   专利质押情况列表

出质人	出质专利数量	出质时间
成都中科大旗软件有限公司	1	2018年、2019年
天意有福科技股份有限公司	1	2018年、2020年
李成	1	2019年
国能日新科技股份有限公司	1	2019年
贵州力创科技发展有限公司	1	2017年、2018年
广东京奥信息科技有限公司	1	2017年
长沙大家物联网络科技有限公司	1	2014年

6.3.3.5.3 专利许可分析

见表6-9,专利许可的数量相对于专利转让的数量较少,与专利质押的专利数量基本相当,截止到现在,专利许可的数量仅为17件。许可人主要集中在高等院校、个人和非供电企业。从许可时间看,相对比较分散,分布在2010—2019年。

表6-9   专利许可情况列表

许可人	数量	被许可人	许可发生时间
国网山东省电力公司电力科学研究院	3	国网智能科技股份有限公司	2019年
南京邮电大学	2	江苏南邮物联网科技园有限公司	2016年
杨启蓓	1	广州葆数信息科技有限公司	2017年

续表

许 可 人	数量	被 许 可 人	许可发生时间
南京因泰莱电器股份有限公司	1	南京因泰莱软件技术有限公司	2015 年
山东大学	1	山东璞润电力科技有限公司	2015 年
郑贵林	1	广州三川控制系统工程设备有限公司	2014 年
中国西电电气股份有限公司	1	西安西电开关电气有限公司	2013 年
北京四方继保自动化股份有限公司	1	南京四方亿能电力自动化有限公司	2011 年
上海交通大学	1	上海蓝昊电气有限公司	2011 年
北京自动化技术研究院	1	北京京仪绿能电力系统工程有限公司	2011 年
重庆多朋科技有限公司	1	重庆汇华渝投节能科技有限公司	2011 年
华北电力大学	1	上海博纳杰陈电气有限公司	2011 年
沈中泽	1	肇庆市金鹏实业有限公司	2011 年
天津大学	1	天津天大求实电力新技术股份有限公司	2010 年

6.3.4 专利分析结论

6.3.4.1 基于近两年对比分析的结论

在全球范围内看整体变化，2019 年的专利公开量增长率相对于 2018 年的专利公开量增长率降低了 24.1 个百分点。

近两年，各个国家/地区的专利公开量的增长率变化表现不同。2019 年相对于 2018 年的专利公开量增长率升高的国家/地区包括美国、英国和 EP。2019 年相对于 2018 年的专利公开量增长率无变化及降低的国家/地区包括中国、日本、德国、法国、瑞士和 WO。整体上来看，在全球范围内，2019 年的创新活跃度较 2018 年的创新活跃度低。

2019 年居于排行榜上的供电企业的数量较 2018 年无变化。但是，具体的供电企业和排名有所变化。

2019 年居于排行榜的新增技术点包括大数据技术应用在"用于阅读或识别印刷或书写字符或者用于识别图形"、大数据技术应用在"以协议为特征的"和大数据技术应用在"由两个或两个以上发电机、变换器或变压器对 1 个网络并联馈电的装置"。2019 年相对于 2018 年的创新集中度整体上变化不大，局部有所调整。

6.3.4.2 基于全球专利分析的结论

在七国两组织范围内，电力信通领域大数据技术已经累计申请了 14000 余件专利。

从近 20 年的申请趋势看，经历了萌芽期、缓慢增长期，当前处在快速增长期。但是，当前除中国外的其他国家/地区的专利申请的增长速度放缓，而中国的专利申请的增长速度较高。中国是提高七国两组织的专利申请总量的主要贡献国。目前，全球市场主体在大数据技术领域的创新活跃度较高。

从地域布局看，在中国的专利申请总量占据在七国两组织专利申请总量的 93％。在美国和日本的专利申请总量次之，但是，在美国和日本的专利申请总量相对于在中国的专利申请总量差距较大。也就是说，当前，中国是大数据技术的"布局红海"，美国和日本次之，法国、英国和瑞士是大数据技术的"布局蓝海"。2009年之后，在中国的专利申请增速显著的情况下，在中国的创新集中度较高，美国和日本的创新集中度基本相当，与中国差距较大。

由于在中国的专利申请总量占据在七国两组织的专利申请总量的93%，因此，居于排行榜上的申请人均为中国申请人，而且专利申请活跃度均较高。在中国专利申请总量相对于其他国家/地区的专利申请总量表现突出的情况下，大数据技术的专利集中在中国专利申请人的数量相对于其他国家/地区专利申请人的数量较多。而且，中国专利申请人的创新活跃度相对较高。

排除中国申请人，看国外申请人的专利申请总量和专利申请活跃度发现，日本申请人的数量以及专利申请数量较多，与其他国家/地区相比，日本申请人的创新集中度较好，但创新活跃度较低。

从时间轴看居于排行榜上的细分技术分支的专利申请变化，居于排行榜上的细分技术分支的专利申请量随着时间的推移均呈现出增长的态势。而且，专利申请总量排名第一的细分技术分支（大数据技术应用在"资源、工作流、人员或项目管理，例如组织、规划、调度或分配时间、人员或机器资源；企业规划；组织模型"）和排名第二的细分技术分支（大数据技术应用在"预测或优化，例如线性规划、旅行商问题或下料问题"）在增长周期内的增长速度较高。

大数据技术应用在"大数据技术应用在资源、工作流、人员或项目管理，例如组织、规划、调度或分配时间、人员或机器资源；企业规划；组织模型"中，是当前专利申请的热点，近几年的专利申请活跃度表现较好。大数据技术在热点细分技术分支的创新集中度和创新活跃度均较高。

6.3.4.3　基于中国专利分析的结论

在中国范围内，电力信通领域大数据技术已经累计申请了14000余件专利。从近20年的申请趋势看，经历了萌芽期、缓慢增长期，当前处在快速增长期。当前中国在大数据技术领域的创新活跃度表现突出。

从总的利申请量排行榜上的申请人有9成属于供电企业和电力科研院。大数据技术在供电企业和电力科研院的集中度相对于其他申请人的集中度高，供电企业和电力科研院整体的创新活跃度也相对较高。

从国外申请人看，5个国外申请人来自于美国，2个国外申请人来自于瑞士，2个国外申请人来自于日本，1个申请人来自于德国。居于排行榜上的国外申请人的专利申请活跃度的均值为31%。国外申请人在中国的创新集中度和创新活跃度相对于中国本土申请人在中国的创新集中度和创新活跃度均低。

在供电企业方面，从专利申请总量看，国家电网有限公司以3360件的专利申请总量居于榜首。国网上海市电力公司以288件的专利申请总量居于第二名。国电南瑞科技股份有限公司以211件的专利申请总量居于第三名。供电企业在中国的创新集中度较高，而且，供电企业整体的创新活跃度也较高。

在非供电企业方面，非供电企业持有的专利申请总量与供电企业持有的专利申请总量相比较少。居于排行榜上的每一个非供电企业持有的专利申请总量均不足百件。非供电企业在中国的创新集中度相对于供电企业在中国的创新集中度低，而且，虽然非供电企业的创新活跃度相对较高，但是较供电企业申请人的创新活跃度低。

在电力科研院方面，电力科研院持有的专利申请总量较供电企业持有的专利申请总量少。较非供电企业持有的专利申请总量多。电力科研院在中国的创新集中度较供电企业低，较非供电企业高。电力科研院近五年在大数据技术领域的创新活跃度较供电企业低，与非供电企业基本持平。

在高等院校方面，整体上看，高等院校申请人持有的专利申请总量较供电企业持有的专利申请总量相少。居于排行榜上的高等院校的专利申请活跃度的均值为 78.9％。居于排行榜上的高等院校在中国的专利申请活跃度略低于具有排行榜上的供电企业的专利申请活跃度。高等院校在中国的创新集中度相对于供电企业在中国的创新集中度较低，高等院校在中国的创新集中度相对于非供电企业在中国的创新集中度略高。高等院校在中国的创新集中度基于与电力科研院在中国的创新集中度基本持平。高等院校的创新活跃度较供电企业低，但是较非供电企业和电力科研院略高。

在中国范围内，从时间轴看居于排行榜上的细分技术分支的专利申请变化，居于排行榜上的细分及时分支的专利申请量随着时间的推移均呈现出增长的态势。

大数据技术应用在"资源、工作流、人员或项目管理，例如组织、规划、调度或分配时间、人员或机器资源；企业规划；组织模型"中，是当前专利申请的热点，而且，近几年的专利申请活跃度表现较好。大数据技术不但在热点细分技术分支的创新集中度较高。而且，相对于其他细分技术分支的创新活跃度较高。

从专利质量看，高质量专利占比仅为 9.6％。持有高质量专利的申请人主要是供电企业、电力科研院和高等院校。采用专利质量表征中国在大数据技术领域的创新价值度，当前中国在大数据技术领域的创新价值度不高。

从专利运营来看，专利转让是申请人最为热衷的专利价值实现路径，申请人对专利许可和专利质押路径的热衷度不高，专利许可和专利质押的专利数量均在 10 件左右。供电企业和电力科研院是实施专利转让路径的主要市场主体。居于专利转让数量排行榜的前三甲分别是国家电网有限公司、中国电力科学研究院有限公司和国电南瑞科技股份有限公司。中国在大数据技术领域的创新开放度整体较低的大环境下，供电企业和电力科研院的创新开放度相对较高。

第7章
新技术产品及应用解决方案

7.1 能源互联网大数据云服务平台 EIDP

7.1.1 方案介绍

综合能源服务平台 2.0 以能源互联网大数据云服务平台（以下简称"EIDP"）为核心，是在综合能源服务平台 1.0 的基础上采取技术架构升级、业务功能扩充、数据范围扩容、多方系统集成等措施，进行升级迭代的版本。

技术架构方面：为适应综合能源公司组织形态不确定、业务模式尚未定型、业务发展快速变化、业务场景复杂等特点，技术架构设计以柔性敏捷为原则，通过 EIDP 的基础平台、图数模一体化模型管理平台，首次将 20 多种组件与技术进行组合应用。

功能设计方面：充分整合能源公司内部业务管理与市场客户亟需的服务产品需求，通过 EIDP 的工作流引擎，将外部服务与内部管理进行串联，形成闭环，设计功能 301 项，较综合能源服务平台 1.0 翻了一番，功能更为全面。

数据范围方面：EIDP 可采集运维用户侧用能数据、光伏数据、道路照明数据、建筑能效数据（水、电、气、热）及内部业务管理数据（客户、项目、合同、账务）等，较综合能源服务平台 1.0 翻了两番以上，数据更为多元。

集成关系方面：EIDP 的数据服务中台实现了内部业务管理与外部服务产品业务融通、数据共享；实现了与营销系统、第三方平台等的集成；实现了从终端到中心、中心到平台、平台到应用、应用与应用间的多维度、多层次集成。

7.1.2 功能特点

EIDP 是面向能源行业的，是传统能源业务与信息通信技术相结合的能源互联网大数据之服务平台，实现了光伏、充电站、路灯、建筑等各种能源相关设备的量测数据、监控数据和监视数据进行统一高效采集，形成完整的能源物联设备信息采集网络，利用全景能源网模型和大数据技术实现对物联数据的高性能存储和全景拓扑分析，并通过微服务的方式向任何需要获得能源互联网数据的系统提供标准化数据和分析服务的能力支撑平台。

7.1.3 应用成效

截至 2019 年 8 月 31 日，EIDP 每日接入的智慧电务、智慧光伏、绿色照明和建筑能效数据超过 2000 万条，累计接入站点超过 2200 个；综合能源服务平台 2.0 面向省地县各级营销部、省地县能源公司、分公司及各事业部内部使用，实现指标智能管理、报表智能生成，满足省地县各级业务管理需求。

EIDP 目前已经在电网公司某乡村电气化示范项目、电网公司泛在电力物联网县级能源互联网综合示范项目、某城市能源互联网综合试点示范项目、某勘测设计研究院海上风电在线监测系统等项目中投入运行。

7.2 基于大数据的同期线损计算分析关键技术研究与应用

7.2.1 方案介绍

基于大数据的同期线损计算分析关键技术研究与应用是基于大数据建立起的同期线损管理系统，集专业协同、信息共享融合、监测分析、数据价值挖掘等功能于一体，是首个贯通发展、运检、调度、营销等核心专业的企业级一体化电量与线损管理系统（即同期线损管理系统），其核心产品目前包括同期线损管理系统以及线损移动助手 App。同期线损管理系统已被应用于国家电网有限公司总（分）部、27 个省（自治区、直辖市）、335 个地市、1921 个县、2.15 万家供电所，实现全球最大规模电网各层级、各专业、各环节电量与"四分"同期线损的月考核、日监测。

7.2.2 功能特点

针对线损相关专业系统分级部署、信息分散存储、数据标准不一等问题，设计了数据多层动态适配算法，攻克了多源异构数据的融合技术，研发了多专业数据的抽取转换与动态匹配组件，实现了多专业异构海量电力数据在一体化电量与线损管理系统中的智能融合，形成了以物理设备为载体的拓扑、参数、关口、电量等多类型信息融合数据库，解决了营配调数据难以统一归集关联的问题。

针对实时运行中的数据异常和基层管理薄弱导致的错误、缺失等现象，提出了多源异常分析诊断算法和基于任意区域分割计算的数据智能修复算法，研发了数据自动纠错技术与异常诊断及消缺组件，建立了一套可直接指导用户消缺问题处理的跨专业异常标签库，提高了系统在海量数据处理分析中的容错能力，提升了数据的可用性。

针对当前设备（资产）管理、GIS、调度等专业系统图、数分散管理的现象，设计了全网拓扑自动拼接算法，攻克了拓扑自动成图技术，研发了基于可伸缩矢量图形的图模一体化功能，实现厂—站—线—变—箱—户拓扑关系以及关口、电量、线损等信息可视化的技术，解决了长期以来多电压等级、多层级电网拓扑难以自动拼接的问题。

针对长期以来因供售统计不同期导致的线损失真现象，提出了同期线损计算模式，攻克了线损管理策略优化的难题，设计了电力行业首个全网耦合联动的"四分"线损模型和同期线损计算方案，建成了企业级各专业、各环节、各层级全覆盖的"一体化电量与线损管理系统"，解决了"四分"线损分割管理造成的"跑冒滴漏"问题，实现了异常线损问题的在线监测与灵敏反应，显著增强了线损管理支撑能力。

7.2.3 应用成效

基于大数据的同期线损计算分析关键技术研究与应用，某市的线损管理系统的具体应用成效如下。

(1) 线损统计实时归真。线损同期管理改变了线损指标逐级报送、层层汇总的粗放方式，通过实施线损同期管理，供电量、同期售电量（按自然月统计的售电量）同步采集，实现电量与线损同期管理，线损波动率相对于统计线损由52％下降为0.5％，从根本上消除了抄表不同期的影响。实现数据传输自动实时，源端数据统筹联动，实现了"四分"线损在线日取算、自动生成、实时监测，844座变电站、1905条35kV及以上线路、2031条变电站母线、7292条10kV配电线路和14.6万个台区线损统计全自动。同期系统数据直观反映了电网现状和用电结构，为公司精准开展电网规划、科学安排电网投资提供了真实参考，推动公司发展方式由规模扩张型向质量效益型转变。

(2) 线损治理成效明显。通过实施线损同期管理，公司制定和明确各项业务协同规范和管理职责，以设备、关口、用户、拓扑和电量关系等为管理要点，构建"运检建档、调控作图、营销挂户、信息集成、线损校核"的线损管理模式，通过信息系统实现数据协同，确保信息实时共享、数据及时同步、问题快速整改、成效迅速反馈，将企业基础档案管理、设备硬件改造、制度落地执行、专业横向协同等方面有效凝聚整合，形成资源互补，大力提升了公司综合管理实力。

(3) 基础数据有机融合。电网建设运营业务流程多、系统数据量大，通过实施线损同期管理，各专业基础档案信息实现统一录入、实时共享、比对纠错，有效提高了数据的一致性和真实性。通过同期系统日监控功能进行校核，开展"站线变户"关系治理，确保系统挂接关系、计量倍率与现场一致。分析同期售电量异常数据，核查解决客户容量、计量点设置等基础信息缺失或错误。严格把控系统中换表流程和信息录入质量，应用同期系统检查表底数据和计量方向是否准确，确保换表信息准确接入系统。通过同期线损系统纠正源端专业系统错误信息和数据160余万条，规范完善电网设备、客户资料、小水电等基础信息，其中，规范名称不统一档案6000多份，纠正小水电上网表计正反向接线错误780余个。公司负损线路和台区数量占比由系统建设实施初期的36％、32％下降至建成后的8.2％、2.3％。

(4) 硬件水平明显提高。实施同期线损管理，能充分暴露公司关口表计和采集设备缺失、缺路情况，有效提高设备管理效率。严格关口计量缺陷管理，编制下发《变电站关口电能计量装置故障处理实施意见》，明确由调控专业牵头闭环管理，消缺时限控制在24h以内。目前，公司各级表计采集覆盖率由建设初期的97％提升至现在的99.8％，10kV联络线关口全部投运，为推动公司精益化管理创造了有利条件。

(5) 队伍素质显著提升。公司每月组织培训，分专业解决各基层单位系统操作问题，通过三年同期线损管理系统推广应用，累计培训各专业人员3000余人，各单位相关业务人员全部实现系统可操作、会分析。为公司培养了一批既能熟练操作运用系统功能，又能根据系统数据进行分析判断的线损专业骨干。通过实施同期线损管理系统，公司真实掌握了实际线损率指标，基础档案质量有效提升，硬件运维质量明显改善，高损、负损线路和台区治理成效明显提升,助力和支撑了公司夯实管理基础和提升经济效益,同时也为公司实施泛在电力物联网建设积累了有效的探索经验。

7.3 园区智慧运营大数据平台

7.3.1 方案介绍

园区指一般由政府(或民营企业与政府合作)规划建设的,供水、供电、供气、通信、道路、仓储及其他配套设施齐全、布局合理且能够满足从事某种特定行业生产和科学实验需要的标准性建筑物或建筑物群体,包括工业园区、产业园区、物流园区、科技园区、创意园区等。在早期的园区规划建设中,普遍以基础设施投资和招商引资为重点,忽略了园区的生活、生态功能,导致产业发展与城市发展相对割裂,制约了园区产业的转型升级。随着城市转型、产城融合等因素驱动,要求园区发挥更强的产业聚集作用,同时也需要提升运营服务水平,从而吸引更多的企业入驻,反向促进招商。

作为园区运营的核心平台,园区智慧运营大数据平台为园区运营方、物管、商家、企业、员工提供智能、便捷的园区服务,并结合 5G、物联网、大数据、云计算、人工智能等技术,助力园区管理,提升管理效率,实现人流、物流、资金流、信息流的可管、可控、可视。园区智慧运营大数据平台以园区管理方、园区企业、园区公众为主体,以提升园区管理及服务能力为目标,帮助园区构建三大服务体系:内部运营管理体系、园企服务体系、社群服务体系。其对象如图 7-1 所示。

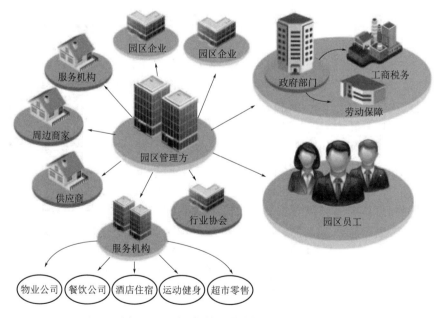

图 7-1 园区智慧运营大数据平台对象

(1)内部运营管理体系。结合大数据、人工智能、物联网、云计算、5G 等新技术,基于统一平台,全面实现园区办公协作、招商引资、物业管理、产业分析、项目孵化等业务的信息化，实现园区智能化管理，对企业、人、物、收费的数据等进行统一汇聚、分析，助力运营方实现数字化运营。

（2）园企服务体系。随着园区经济的发展，园区企业需要的服务不断扩展，从最基础的物业、政企服务逐步扩展到人力资源、投资金融、项目申报、技术认证、校企合作、教育培训、信息共享、研发设计、质量监测、企业孵化等，服务内容越来越多。园区智慧运营大数据平台紧密围绕园区企业及产业发展需求，以基于云计算的公共服务平台为载体，整合园区内外资源，为园区企业提供丰富、便捷的服务，协助企业之间实现资源共享。

（3）社群服务体系。以公共服务平台为基础，整合园区内外资源，将信息化服务范围延伸移动端，帮助园区打造工作、生活生态圈，为园区公众提供便利的信息化服务，营造舒适的工作环境。提升政务服务、餐饮消费、O2O服务、园区美拍、社交活动等在线化支撑能力，使园区公众交流更方便，资源共享更便捷，生活配套更齐全。

园区智慧运营大数据平台系统总体框架如图7-2所示，分为在线渠道、数据运营、应用服务及相关的第三方接口。①在线渠道：包括PC Web门户、手机App以及微信公众号等多个用户接触渠道；②数据运营：数据采集、数据治理、数据建模、跨智能化子系统联动监控、数据分析应用；③应用服务以相关的第三方接口：主要包括公寓租赁业务管理、综合运营服务管理两部分。

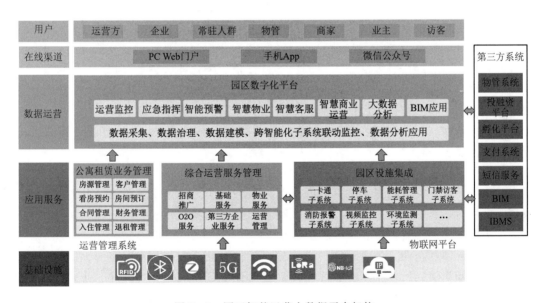

图7-2 园区智慧运营大数据平台架构

7.3.2 功能特点

园区智慧运营大数据平台运用云计算、大数据、5G等新技术，助力园区实现数字化运营能力提升及场景扩充。平台采用基于Spring Cloud的微服务架构＋基于RN的混合式移动开发框架，保障系统高可用、可扩展、可快速迭代。

（1）云计算：平台提供标准化 SaaS 云租用及定制化独立部署模式，通过多租户、组件化、插件式设计，同时适配中小客户及大客户的不同需求。

（2）大数据：基于平台采集的企业的数据、人的数据、物的数据、收费的数据，通过数据建模、数据挖掘、关联分析，形成园区大脑，实现运营管理的可管、可控、可视。可分析的主题包括产业分析、企业分析、常驻人群画像、能耗分析、设备状态预警分析、服务质量分析、财务分析。

（3）5G：5G 网络的高带宽、低时延、大连接特性，极大提高了园区内可接入终端数、音视频清晰度、云资源转化效率和无人设备投放量。5G 微基站群组使得智慧园区内可实现设备的高密度接入，达到海量连接效果。园区设备可轻松采集 4K～8K 高清晰度音视频数据并实时上传平台，无人设备的制动判断时间由秒级缩短至毫秒级，制动距离由米缩短至厘米，通过 5G 技术，可实现可视化的指挥调度、一体化的物业管理、全方位的园区安防、智能化悦享住宿。

7.3.3　应用成效

2012 年以来，国务院、发改委、住建部发布了一系列园区智慧化、数字化建设相关的政策及指导意见，为园区转型升级提供了良好的政策环境和机遇。2020 年 4 月 20 日，首次明确了新型基础设施的范围，新型基础设施是以新发展理念为引领，以技术创新为驱动，以信息网络为基础，针对高质量发展需求，提供数字转型、智能升级、融合创新等服务的基础设施体系。园区作为区域经济发展的载体和新技术应用的沃土，符合新基建的投资方向，存在广阔的发展前景。园区智慧运营大数据平台的客户群包括：高技术产业园；高新区、经济开发区、工业园区；科技企业孵化器、创业（服务）中心、大学科技园等创新创业型园区；商业综合体；智慧小镇。

园区智慧运营大数据平台价值体现在：

（1）面向政府。帮助园区改善投资环境、促进产业结构调整，助力园区跨越式发展，推动经济发展。

（2）面向园区运营方。以"服务为核心"的管理模式，助力园区聚集产业、技术、资金、人才，优化资源配置和为客户提供良好服务，实现园区资源与高成长科技型企业发展需求直接、有效地对接，推动高成长科技型企业的快速成长，通过提升运营服务水平，创造新的赢利模式，树立园区运营品牌。

（3）面向园区企业。为企业间的合作提供了信息交流和知识分享的平台，促进企业间的学习和知识溢出，推动产业技术创新，进而促成创新型组织的集聚，形成产业集聚效应。

7.4　电网数字化工程管理平台

7.4.1　方案介绍

依据数字孪生城市建设规划的要求，将三维 BIM 技术、地理信息 GIS 技术、物联网 IOT 技术、人工智能 AI 技术引入电网工程，融合进度、安全、质量、物资管理与 BIM

模型，实现了基建全过程、全要素、构件级管控，创新提出了 BIM-7D 管理模式。通过多源异构数据融合、全过程数字化实时管控，实现了数字管控全景洞察、施工环节全息感知、业务协同全程联动，满足雄安新区电网大规模、高强度、全方位建设管理的要求。

电网数字化工程管理平台基于 BIM+GIS 技术，实现 7 大业务功能：规划展示实现电网规划信息三维全景展示；设计校核实现设计模型交付组装、电网工程内外部校核；施工组织实现进度模拟、进度对比及进度预警；智慧工地实现人员、机械、车辆、环境的智慧化监控；质量管理实现标准工艺应用、质量验评和质量巡检的在线流转与三维可视化展示；安全管理实现安全人员配比和项目天花板设置；物资管理实现全品类、全过程物资管控。

平台分为三层结构，如图 7-3 所示，包括基础数据层、分析服务层、业务应用层，以电网建设数据中心为基础，具备多种分析计算能力，面向电网用户提供各类应用服务。

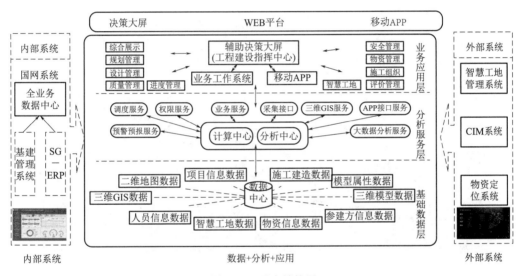

图 7-3　平台结构图

7.4.2　功能特点

（1）首创将电网信息与城市信息互联互通，实现电网与城市规划建设同生共长。通过与数字雄安 CIM 平台进行数据交互，实现电网建设与城市建设的有机融合。

（2）首创电网工程建设的构件级数字化管理模式。通过引入 BIM+GIS 技术，将电力工程三维模型与项目相关的进度、质量、安全、物资等信息挂接，实现对项目相关信息的数字化、可视化管理。

（3）创新电网工程现场的智慧化管理。以 5G 等先进信息通讯技术为支撑，充分运用数字化施工器具、单兵装备、视频识别等装备技术，建设基建泛在物联网，实时感知工程现场人员、车辆、机具、设备、环境状态和现场作业行为信息，实现了基建工程现场全过程数据自动采集入网、高效共享交互、风险违章及时发现。

（4）多源异构数据融合，通过多源数据交叉验证。雄安新区电网数字化管理平台实现与多个内外部系统互通互联，集多源数据于三维模型一身，实现全业务数据数字化管控。

7.4.3 应用成效

电网数字化工程管理平台提供了电网基建工程一体化数字管理平台，并分模块提供包括工程现场实时数字化全管控、基建物资全过程智能调配、基于 BIM 模型的项目检验管理等服务，辅助电网基建项目建设的各环节和全要素的智能化管理。解决了电网与城市建设协同困难的、大规模作业管控困难以及工程现场管理智慧化程度不高等问题，提升了电网工程建设的智能化与精细化管理水平。

目前，本平台已在某省多个变电站工程开展实际应用，推进了电网工程建设管理的智能化与精细化管理水平，有效提高了电网工程建设质量，缩短了建设工期，减少了管理成本。图 7-4、图 7-5 为实际应用效果图。

图 7-4 平台在雄安新区剧村 220kV 变电站工程应用效果图

图 7-5 平台在河北正定朱河 110kV 变电站工程应用效果图

7.5 基于物联网技术的电能质量分布式监管云平台

7.5.1 方案介绍

基于物联网技术的电能质量分布式监管云平台是针对企业群电能质量安全管理开发的企业级电能质量数据采集终端，可安装于企业用户用电设备上，通过云计算系统对企业用电电力传输中电能质量数据进行监测分析，打造企业群的电能质量监管物联网云平台；实现能源数据采集终端、计量终端、质量检测终端等各类终端设备数据的接入，加快企业数字化能源管理建设步伐。

电能质量实时监测分布式系统主要通过结合地图、企业指标、监测点指标、监测点事件查询、指标概览、指标详情、监测点台账、指标分析、电压暂降专项分析、谐波源专项分析、运行维护、运行报告、系统管理等系统功能，对分布于不同企业的终端数据，通过物联网平台数据分析与计算，形成基于企业群应用的电能质量大数据，并综合运用大数据分析、云计算、NB－IOT 物联网等技术，提升电力需求侧用能数据分析，优化企业用能策略。

7.5.2 功能特点

（1）基于傅立叶分析原理的谐波检测分析算法与分布式存储技术的应用，使设备终端的边缘计算能力有了显著提升，数据传输的时延下降；云平台资源调用效率与计算速度提升，性能提升 55％以上。

（2）基于 5G 无线通信网络，提升了数据传输速度，缩短了服务响应时间，电能监测分析报告即时到位。

（3）基于人工智能与大数据分析技术，建立企业数字化能源管理模式，从底层分析到上层决策，实现数据化管理模式。

7.5.3 应用成效

目前，基于物联网技术的电能质量分布式监管云平台已在多地客户方进行安装使用，开展实际应用，提升了电网供电质量，降低了用电成本，保障了用电安全。

（1）全面提升了企业用能、能量采集、质量监测等环节的信息化管理水平，与企业用能管理、能量采集等系统进行数据对接，更精确地掌握生产成本，帮助企业形成具有市场竞争力的产品定价策略；预计可节约企业用能成本 10％～20％。

（2）使企业能够更加及时地发现存在的用电隐患，更有针对性地防范从而减少普测的人力成本，减少运维成本；提升运维和技术监督工作效率，提高了工作质量，预计可减少 15％～30％的人力及运维成本。

（3）根据电能管理与质量检测技术，反应企业供能各环节的问题，使电力用户能够充分掌握电力供应质量数据，加强与售电机构、电力公司等电力供给侧相关机构之间的数据对比，提升企业综合议价能力，每年可为企业节约 5％～15％的用电成本。

7.6 电网云 GIS 平台

7.6.1 方案介绍

电网云 GIS 平台遵循"大平台、微应用、组件化"的建设思路,通过引入云计算、大数据、内存计算等新技术,建立了时态电网模型,为实现分布式环境下空间、属性和拓扑结构全局一致性提供了支持,提供内嵌地理信息平台在内的 PaaS 服务和"云＋端"协作开发,从而支撑海量电网设备与环境资源的高效统一管理与处理分析,满足电网资源的时态化应用和管理需求,为电网规划、设计、建设、运行、检修、营销全过程业务协同和深度融合提供了有力支撑。

电网云 GIS 平台在巩固现有建设成果的基础上,提升了 GIS 平台的服务能力,平台采用了云化部署架构,系统升级和部署更为灵活,扩展性大幅提升;增加了多时态管理分析功能、移动应用支撑功能,以及增强了三维支撑功能,更好地支撑业务应用。同时,建设了统一地图服务,全面支撑公司内外网业务地图应用,满足企业内网、外网、内外网穿透等各种场景下的地图集成需求,实现内外网统一地图发布,推进地图数据的主动更新;着力提升了 GIS 平台的核心能力,完善平台架构,优化平台功能,加强平台的用户体验、数据质量、外网安全访问等方面的工作,支撑公司数据中台和业务中台建设,为营配贯通、供电服务指挥等重点任务建设提供有力支撑。平台总体架构图如图 7-6 所示,电网之 GIS 平台功能如图 7-7 所示。

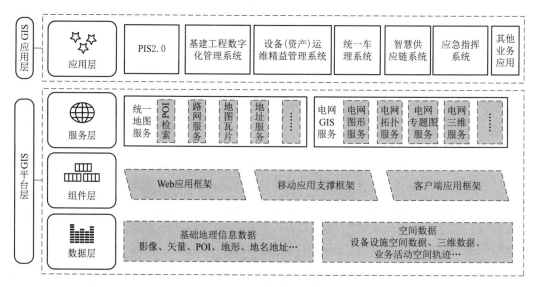

图 7-6 平台总体架构图

7.6.2 功能特点

(1) 研究基于时态属性变化的链式记录级元组模型改进算法,率先提出了多态统一

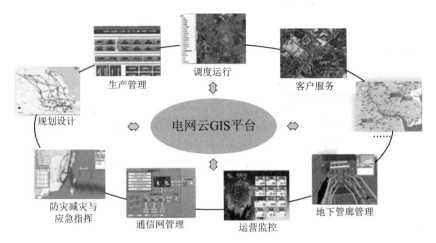

图 7-7 电网之 GIS 平台功能

的电网 GIS 时空数据模型，对空间、属性、拓扑、版本和时态进行了统筹管理，首次实现了涵盖电网历史态、规划态、建设态、运行态的统一建模以及分布式元数据存储和应用。

（2）研究基于电网拓扑临界聚合系数的社区发现算法，率先提出了多模式海量电网拓扑分区方法，解决了长久以来地理要素在空间维度与拓扑维度上分区策略难以调和的矛盾；建立了覆盖三地灾备中心、27 个省公司的分布式多级电网资源管理体系，实现了管理层级之间的完备性数据分区与无缝聚合，将平台的电网设备管理能力提升至几十亿级，解决了数据体量大、分布范围广和电网结构复杂的问题。

（3）建立了满足电力行业特性的高并发实时协同服务体系，自主研发分布式电网 GIS 内存数据库，实现了分布式环境下空间、属性和拓扑结构全局强一致性的事务支持，提高了电网拓扑分析性能和位置、属性查询效率，实测综合性能比传统 GIS 服务架构提升 50%，支撑了电网作业大规模协同所要求的高实时性、秒级同步的应用要求。

（4）建立了资源动态注入的微应用支撑框架，通过定制化基础镜像，实现了容器级 GIS 资源和地理计算能力的按需动态注入，提供面向 GIS 应用的"云＋端"二次开发体系，极大降低了业务集成难度；结合云资源调度技术，实现微应用接口级的运行监控、动态扩容、故障隔离和自愈，提升了业务应用的高可用性。

（5）采用松耦合设计，实现平台与应用系统独立发布，采用了新的技术架构，降低了业务集成复杂度，新增了互联网和移动应用的支撑能力。

7.6.3 应用成效

电网云 GIS 平台实现了对电网资源的图形、属性、拓扑的统一管理、统计分析和可视化展示。平台的广泛应用，可缩短设备运维和故障抢修时间，加快供电业务办理速度，提高效率和效益，支持电网精益化管理和高效运行，提升电网服务质量，增加社会公众满意度。平台建设成果经由两院院士李德仁、中国工程院院士刘经南等专家组成的鉴定

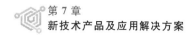

委员会一致认为，总体上达到了国际先进水平，并获得了2018年的国家科技进步二等奖。目前，电网云GIS平台已完成在12个网省的部署实施工作，中台试点4家单位正在协调部署；在总部分别完成内、外网的统一部署。

7.7 运维自动化智能管控平台

7.7.1 方案介绍

随着电网公司信息化工作的深入推广，省电力公司应用系统数量和硬件资源规模不断扩大，各业务系统的建设呈现规模化增长，运维人员的运维压力和工作负担也随之大幅增加。为保障各业务系统的稳定运行，省电力公司陆续建设了各类网管监控平台，但目前各监控平台采用多种标准进行数据收集和应用，无统一的标准和入口。如何基于现有监控系统的建设成果深化挖掘数据价值，基于自动化巡视手段减轻运维人员工作负担并实现机房可视化管理成为当前机房建设过程中需要解决的实际问题。

运维自动化智能管控平台是基于省电力公司基础环境和软硬件资源、运维业务和流程的现状，建设运维自动化工具集，实施完成的一款管控平台，实现了公司基础环境和软硬件资源的集中展示、实时监控、统一告警、自动巡检、智能维护，减轻了运维人员工作负担，全面支撑了电力公司信息化建设。

7.7.2 功能特点

（1）统一监控告警展示。充分调研省电力公司信息系统现状，集成综合网管系统、带外管理系统、动环管理系统，收集及补充现有监控系统产生的包括操作系统、数据库、中间件、主机设备、网络设备、存储设备、安全设备、电源、温度、湿度、烟感、视频、门禁等运行数据，完成与现有所有业务系统与系统软件的运维数据抽取，实现告警数据的集中监控、统一展示。

（2）智能巡检工具。智能巡检工具通过对各业务系统巡视任务的分析，利用自动化脚本，实现对操作系统、文件系统、网络、数据库、中件间等系统软件日常巡视内容的全面自动化，提供巡检规则、巡检报告及巡检脚本的初始化定制，巡检告警的展示、分析和故障自愈等。

（3）资源可视化管理。资源可视化管理主要对信息系统相关主机、网络、存储等硬件信息以及操作系统、文件系统、网络、数据库、中件间等软件信息的梳理，通过自动化手段掌握当前系统设备的运行情况和部署依赖关系，结合当前系统设备配置数据与关联关系数据，分析出当前设备之间，设备与软件之间的影响关系。最后为资源实时数据管理提供统一3D可视化展示。

7.7.3 应用成效

运维自动化智能管控平台通过应用推广，形成了一整套成熟的运维自动化产品体系和整体解决方案，可以根据客户需求，提供运维产品、运维服务、定制化开发和技术咨询服务。同时以点带面，在能源行业和其他行业广泛推广，不断拓宽运维自动化解决方案的应用范围。

通过运维自动化智能管控平台的建设，实现了省电力公司基础环境和软硬件资源展示及监控的统一入口、统一维护、统一资源分配，实现了资源数据可视化、资源数据实时动态更新，更快地掌控运维问题，随时随地地掌握业务和应用设备中所出现的问题，通过信息化手段实现自动化巡视，减轻运维人员的工作负担，提升了设备资产运维效率，降低了成本，提高了工作效率。

运维自动化解决方案可广泛应用于政府、大型企业、运营商等部门，以及能源和其他行业，主要针对数据中心日常运维场景，提供整体运维自动化解决方案。随着各行业信息化建设的不断深入和对运维管理工作的不断重视，运维服务市场每年都处于高度增长的状态。运维自动化解决方案应用具有广阔的市场发展前景。

7.8 智慧能源服务平台

7.8.1 方案介绍

为了满足终端客户多元化能源生产与消费，实现多种能源的综合管理与智慧服务而研发的智慧能源服务平台，将大数据、物联网、人工智能和边缘计算等技术与综合能源服务深度融合，面向能源供应商/服务商（B类用户）、能源消费者（C类用户）及政务机构（G类用户），提供综合能源的规划配置、全景监测、能效管理、智慧调控、智能运维、用能优化、数据增值等服务，给能源管理"增智"，为能源消费"赋能"。

智慧能源服务平台面向各类区域典型场景、共性业务需求，按照轻量化和套餐化的要求，采用分布式服务框架、组件化设计，打造低耦合应用功能模块池，借鉴中台理念构建基础平台，结合应用场景从模块池抽取微应用，实现按需组合、无缝集成，灵活适应差异化的市场需求。同时，基础平台拥有长期沉淀的业务能力，可以快速响应用户的个性化开发需求。平台包括能效管理、智能运维、需求响应、楼宇管理、项目管理、多能协同、现货交易服务、能源大数据、城市能源运行统计、能源金融支撑与能源生态圈等模块，可向商用楼宇、工业企业及园区、社区等场景提供综合能源服务。智慧能源服务平台总体架构如图7-8所示。

7.8.2 功能特点

（1）实现"源-网-荷-储-人"全要素柔性控制与互动。采用分层协调优化调控策略及分时匹配闭环协调控制技术，实现全要素、多目标、多变量的机组级、元件级柔性协调优化控制。

（2）构建城市级能源规划与校核功能。对城市能源运行状态进行分析，综合评价区域能效水平，开展综合能源规划与校核，实现城市能源一体化设计。

（3）打造能源行业"三型"平台。开放平台公共服务API、行业套件、数据分析，形成智慧能源服务商业应用生态，作为能源管控枢纽，兼容多种能源接入，承载多类智慧业务应用，打造能源行业枢纽型、平台型、共享型系统。

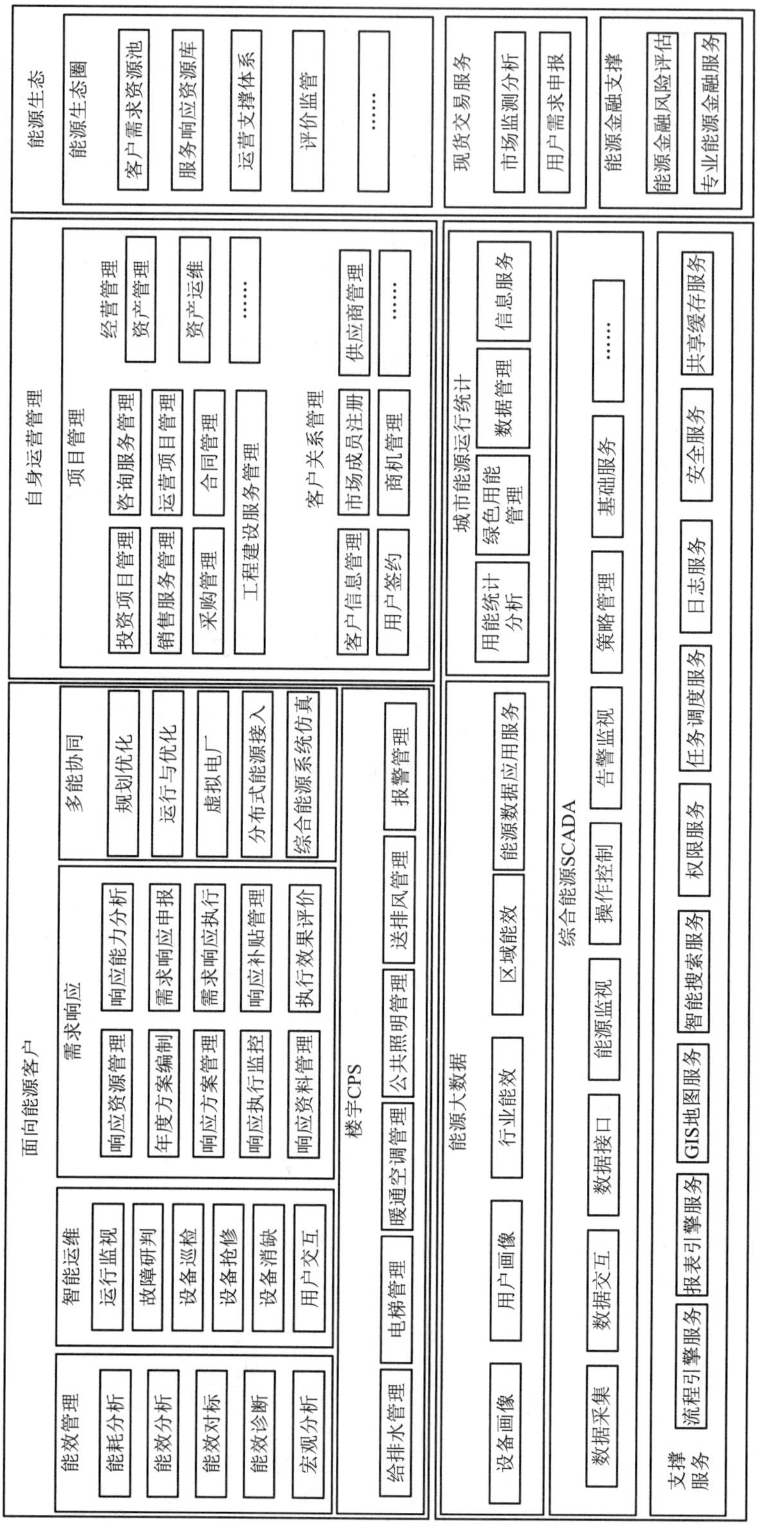

图 7－8　智慧能源服务平台总体架构

7.8.3 应用成效

　　智慧能源服务平台已在多个省市综合能源公司实现部署，支撑各类行业客户生产运营，规模达到 2000 余家。提高城市清洁能源消纳水平，实现能源梯级利用，营造绿色生态；提升能源利用效率、降低用户用能成本；创造新的业务增长点，促进业务多元化发展；构建以智慧能源服务平台为核心的智慧能源生态系统，提升客户智慧用能水平，实现城市的经济效益、社会效益和环境效益的统一。

7.9 电力数据增值服务平台

7.9.1 方案介绍

　　电力数据增值服务平台以电力大数据为基础，结合政府、金融机构等相关外部数据，利用数据分析、数据挖掘、运营交易、区块链等多种技术工具，研发形成电力数据产品和跨行业融通产品，并不断进行产品的迭代，其结构如图 7-9 所示。电力数据增值服务整体以市场需求为导向，以商务模式设计为中心，全面培育电力数据应用服务产品，建立数据运营保障机制，确保数据运营安全。平台架构主要包括四个层次和一个保障，统一采集电力、政府以及社会各行业数据，在此基础上利用数据中台开展数据整合、管理与分析，基于数据运营平台支撑数据服务产品的发布、交易等运营活动，最终为不同用户对象提供各类型的服务应用。安全保障方面，通过区块链、同态加密等技术应用，为跨行业数据融通应用提供安全、可信的支撑，最终实现电力数据增值变现能力的持续提升。

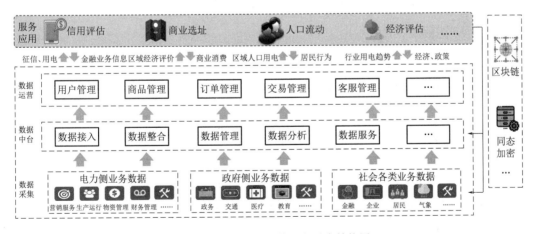

图 7-9　电力数据增值服务平台结构图

7.9.2 功能特点

　　（1）进一步激活以电力数据为核心的能源数据价值，挖掘电力数据政用、商用、民用价值，推动能源领域供给侧结构性改革，形成互联网条件下的能源增值运营，实现利

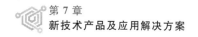

益相关方共赢。

（2）利用大数据技术四个视角展现电力数据的社会透视和商业洞见，填补政府大数据应用对外发布的空白，发展上下游产业数据合作，为政府创造多重收益。

7.9.3　应用成效

电力数据是反映社会经济的"晴雨表"，通过电力数据，外部企业能够对行业发展景气预测、业务特征分析等开展深度挖掘，辅助业务经营决策。因此，电力数据运营能够对社会经济产生"正能量"和"高价值"。目前，电力数据增值服务平台已在某市开展全面应用，向公众提供用能优化建议服务，同时指导居民科学用电、节约用电，帮助电力公司了解居民用电习惯，提升营销客户服务满意度。同时支撑多家省公司完成疫情期间家庭聚集异常监测、涉疫小区人员流动分析、疫情防控对制造业用电的影响分析，助力政府高效预控，科学复工复产。

7.10　资金智能监控产品

7.10.1　产品介绍

资金智能监控产品（CashInsight）是一款主要面向于电力行业集团型企业决策层、管理层以及财务资金相关业务执行层用户的分析型软件产品。本产品基于大数据处理平台（EDT）、应用开发平台（ECP）、数据自助分析平台（RealInsight）三大技术平台，将集团型企业的管理思维、风控体系、预测模型等关键业务积淀内置于本产品，实现了资金主题分析、资金风险监控、资金预测应用三大核心功能，以解决/缓解集团企业经营分析（财务资金域）不系统、风险识别不全面、资金预测不准确的问题。

7.10.2　功能特点

大数据处理平台（EDT）主要完成数据处理操作，通过 Sqoop、Hdfs、Hive、SparkSql等数据传输计算组件，从业务系统抽取业务数据到大数据平台，并根据业务逻辑规则在大数据平台进行加工计算，产生分析结果数据，并将该数据存于 PostGresql 数据库。

应用开发平台（ECP）主要实现系统安全保障，通过 SSO 认证、AD 认证、LDAP 认证、生物认证等技术提供统一的认证、授权等服务，对用户的集中管理，提供接口让第三方系统进行接入。

数据自助分析平台（RealInsight）主要实现分析结果的可视化展示，通过基于 Matcloud 开发框架，采用主流的 Java 技术，前度采取 Html5、Vue 等纯 web 页面的展现技术，将分析结果按多维度、多口径、多形式展现。

7.10.3　应用成效

该产品应用 100％覆盖某电网集团所有单位，月度登录用户占注册用户的 35％，全口径单位占全部单位的 45％，月度登录平均 30 余万人次。支付风险监控方面，界定风险金额近亿元。

第 8 章
电力大数据技术产业发展建议

在电力行业，大数据技术是电力系统承上启下不可或缺的技术应用，与增强数据存储能力、完善产业生态基础、挖掘数据潜在价值等方面息息相关。从数据采集、传输、存储角度出发，电力公司应优化大数据算法技术，增强电力大数据平台的相对存储量和有效性；从数据分析角度出发，电力公司应结合自然条件、气候温度等数据，利用电力大数据为基建选址提供决策支撑；从数据处理角度出发，电力公司在使用大数据技术的同时应注重与数字经济技术的结合，挖掘数据潜在价值。

8.1 优化电力大数据平台并增强数据存储能力

电力大数据在智能电力系统中的角色，除了分类分析数据外，更重要的是将感知辨识到的数据进行传输、存储。建立电力大数据平台是承上启下的必要措施，将传感器采集的数据预处理传输至平台，同时为人工智能运用大数据做出自主判断提供必要支撑。

建立电力大数据平台，从经济学角度出发是以分工明确的优势提高经济效率。与传统电力行业数据相比，电力大数据平台需从两类程序出发逐步建设：一是针对采集的信息进行预处理，采用优化奇异值分解压缩法、非负 K - SVD 等稀疏解码等传统技术，使原始数据经过删选、压缩、清洗之后，单个体量更小，增加平台存储相对量；二是针对电力数据的特征，通过主成分分析法分解为稳定负荷、周期性负荷和随机性负荷，进行差异性降维，减少平稳数据重复上传至平台的可能性，降低平台存储压力，将存储能力更大范围地应用于有效数据，从而提高存储平台的有效性。

电力公司应从相对量和有效性两个方面出发，在不断优化电力数据预处理技术的同时开展差异化降维，发挥大数据技术优势，增强电力大数据平台存储能力。

8.2 发挥大数据在电力企业基建选址中的作用

大数据技术有助于电力企业作出基础设施选址、建设的决策，尤其是针对以新能源发电模式为主营业务的企业而言。风力发电站选址要素如图 8 - 1 所示。

以新能源发电模式为主的电力企业一般对于基建落址的自然条件、气候温度要求较高，在保证采集数据准确的条件下，运用大数据技术作为辅助决策技术可以提高选址可靠性。例如，将天气系统数据与电力公司历史数据相结合，利用风向、风速、气温、气

图 8 - 1　风力发电站选址要素

（图片来源：赛迪顾问，2020 年 7 月）

压、相对湿度、降水能、日照时间、温度的垂直梯度和逆温层底部高度等数据以及电力公司历史数据，通过使用电力大数据模型解决方案，支持电力企业基础设施（如风力发电机）的选址，以充分利用风速、风力、气流等因素达到最大发电量，并减少企业能源成本。同时，电力大数据还可以结合森林面积追踪信息、遥感卫星图像、潮汐数据等为电力公司基建选址提供决策支持。

基建选址是电力公司布局的重要环节，为降低能源成本，提高投入产出比，新能源电力公司应着重运用电力大数据技术辅助进行基建选址。

8.3　结合新一代信息技术挖掘大数据潜在价值

大数据技术的应用为电力行业的科技创新提供了无限可能，不断促进电力系统合理化发展，而先进的大数据挖掘技术是实现的关键前提。现行电力大数据挖掘技术可以有效解决可持续发展面临的能源问题。从增加清洁能源供应、降低能源损耗及控制能源消费等根本性问题到能源互联网建设和发展，都将是电力大数据发挥应用价值的平台。

在发挥大数据价值的过程中，电力公司首先应当按照统一的标准语言，打通数据壁垒，汇集各部门数据建立数据质量规则库，做到数据使用可追溯、数据责任可落实。其次，电力公司应加强与政府部门及上、下游企业合作，服务国家重大战略、推出电力大数据产品，激活数据价值。最后，随着大数据挖掘技术的不断更新迭代、完善优化，电力公司应根据商业战略目标的需求，整合内外部优质资源，在利用大数据技术的同时，注重结合新一代信息技术并行作用于电力行业，协同推进人工智能、区块链等技术的融合创新应用，深入挖掘电力大数据潜在价值，支撑能源互联网建设。

附录
基于专利的企业技术创新力评价思路和方法

1 研究思路

1.1 基于专利的企业技术创新力评价研究思路

构建一套衡量企业技术创新力的指标体系。围绕企业高质量发展的特征和内涵，按照科学性与完备性、层次性与单义性、可计算与可操作性、动态性以及可通用性等原则，从众多的专利指标中选取便于度量、较为灵敏的重点指标（创新活跃度、创新集中度、创新开放度、创新价值度），以专利数据为基础构建一套适合衡量企业创新发展、高质量发展要求的科学合理评价指标体系。

1.2 电力大数据技术领域专利分析研究思路

（1）在大数据技术领域内，制定技术分解表。技术分解表中包括不同等级，每一等级下对应多个技术分支。对每一技术分支做深入研究，以明确检索边界。

（2）基于技术分解表所确定的检索边界制定检索策略，确定检索要素（如关键词和/或分类号），并通过科技文献、专利文献、网络咨询等渠道扩展检索要素。基于检索策略将扩展后的检索要素进行逻辑运算，最终形成大数据技术领域的检索式。

（3）选择多个专利信息检索平台，利用检索式从专利信息检索平台上采集、清洗数据。清洗数据包括同族合并、申请号合并、申请人名称规范、去除噪音等，最终形成用于专利分析的专利数据集合。

（4）基于专利数据集合，开展企业技术创新力评价，并在全球和中国范围内从多个维度展开专利分析。

2 研究方法

2.1 基于专利的企业技术创新力评价研究方法

2.1.1 基于专利的企业技术创新力评价指标选取原则

评价企业技术创新力的指标体系的建立原则围绕企业高质量发展的特征和内涵，从众多的专利指标中选取便于度量、较为灵敏的重点指标来构建，即需遵循科学性与完备性、层次性与单义性、可计算与可操作性、相对稳定性与绝对动态性相结合以及可通用性等原则。

1. 科学性与完备性原则

科学性原则指的是指标的选取和指标体系的建立应科学规范。包括指标的选取、权重系数的确定、数据的选取等必须以科学理论为依据，即必优先满足科学性原则。根据这一原则，指标概念必须清晰明确，且具有一定的、具体的科学含义同时，设置的指标必须以客观存在的事实为基础，这样才能客观反映其所标识、度量的系统的发展特性。同时，企业技术创新力评价指标体系作为一个整体，所选取指标的范围应尽可能涵盖企业高质量发展的概念与特征的主要方面和特点，不能只对高质量发展的某个方面进行评价，防止以偏概全。

2. 层次性与单义性原则

专利对企业技术创新力的支撑是一项复杂的系统工程，具有一定的层次结构，这是复杂大系统的一个重要特性。因此，专利支撑企业技术创新力发展的指标体系所选择的指标应具有也应体现出这种层次结构，以便于对指标体系的理解。同时，专利对于企业技术创新力发展的各支撑要素之间存在着错综复杂的联系，指标的含义也往往相互包容，这样就会使系统的某个方面重复计算，使评价结果失真。所以，专利支撑企业技术创新力发展的指标体系所选取的每个指标必须有明确的含义，且指标与指标之间不能相互涵盖和交叉，以保证特征描述和评价结果的可靠性。

3. 可计算性与可操作性原则

专利支撑企业技术创新力发展的评价是通过对评价指标体系中各指标反映出的信息，并采用一定运算方法计算出来的。这样所选取的指标必须可以计算或有明确的取值方法，这是评价指标选择的基本方法，特征描述指标无需遵循这一原则。同时，专利支撑企业技术创新力发展的指标体系的可操作性原则具有具体如下：①所选取的指标越多，意味着评价工作量越大，所消耗的资源（人力、物力、财力等）和时间也越多，技术要求也越高。可操作性原则要求在保证完备性原则的条件下，尽可能选择有代表性的综合性指标，去除代表性不强、敏感性差的指标；②度量指标的所有数据易于获取和表述，并且各指标之间具有可比性。

4. 相对稳定性与绝对动态性相结合的原则

专利支撑企业技术创新力发展的指标体系的构建过程包括评价指标体系的建立、实施和调整三个阶段。为保证这三个阶段上的延续性，又能比较不同阶段的具体情况，要求评价指标体系具有相对的稳定性或相对一致性。但同时，由于专利支撑企业技术创新力发展的动态性特征，应在评价指标体系实施一段时间后不断修正这一体系，以满足未来企业技术创新力发展的要求；另一方面，应根据专家意见并结合公众参与的反馈信息补充，以完善专利支撑企业技术创新力发展的指标体系。

5. 通用性原则

由于专利可按照其不同的属性特点和维度划分，其对于企业技术创新力发展的支撑作用聚焦在企业层面，因此，设计评价指标体系时，必须考虑在不该层面和维度的通用性。

2.1.2　基于专利的企业技术创新力评价指标体系结构

附表 2-1   指　标　体　系

一级指标	二级指标	三级指标	指　标　含　义	计　算　方　法	影响力
企业技术创新力指数	创新活跃度	专利申请数量	申请人目前已经申请的专利总量，越高代表科技成果产出的数量越多，基数越大，是影响专利申请活跃度、授权专利发明人数活跃度、国外同族专利占比、专利授权率和有效专利数量的基础性指标	—	5+
		专利申请活跃度	申请人近五年专利申请数量，越高代表科技成果产出的速度越高，创新越活跃	近五年专利申请量	5+
		授权专利发明人数活跃度	申请人近年授权专利的发明人数量与总授权专利的发明人数量的比值，越高代表近年的人力资源投入越多，创新越活跃	近五年授权专利发明人数量/总授权专利发明人数量	5+
		国外同族专利占比	申请人国外布局专利数量与总布局专利数量的比值，越高代表向其他地域布局越活跃	国外申请专利数量/总专利申请数量	4+
		专利授权率	申请人专利授权的比率，越高代表有效的科技成果产出的比率越高，创新越活跃	授权专利数/审结专利数	3+
		有效专利数量	申请人拥有的有效专利总量，越多代表有效的科技成果产出的数量越多，创新越活跃	从已公开的专利数量中统计已授权且当前有效的专利总量	3+
	创新集中度	核心技术集中度	申请人核心技术对应的专利申请量与专利申请总量的比值，越高代表申请人越专注于某一技术的创新	该领域位于榜首的IPC对应的专利数量/申请人自身专利申请总量	5+
		专利占有率	申请人在某领域的核心技术专利总数除以本领域所有申请人在某领域核心技术的专利总数，可以判断此领域的影响力，越大则代表影响力越大，在此领域的创新越集中	位于榜首的IPC对应的专利数量/该IPC下所有申请人的专利数量	5+
		发明人集中度	申请人发明人人均专利数量，越高则代表越集中	发明人数量/专利申请总数	4+
		发明专利占比	发明专利的数量与专利申请总数量的比值，越高则代表产出的专利类型越集中，创新集中度相对越高	发明专利数量/专利申请总数	3+

续表

一级指标	二级指标	三级指标	指标含义	计算方法	影响力
企业技术创新力指数	创新开放度	合作申请专利占比	合作申请专利数量与专利申请总数的比值，越高则代表合作申请越活跃，科技成果的产出源头越开放	申请人数大于或等于2的专利数量/专利申请总数	5+
		专利许可数	申请人所拥有的专利中，发生过许可和正在许可的专利数量，越高则代表科技成果的应用越开放	发生过许可和正在许可的专利数量	5+
		专利转让数	申请人所拥有的有效专利中，发生过转让和已经转让的专利数量，越高则代表科技成果的应用越开放	发生过转让和正在转让的专利数量	5+
		专利质押数	申请人所拥有的有效专利中，发生过质押和正在质押的专利数量，越高则代表科技成果的应用越开放	发生过质押和正在质押的专利数量	5+
	创新价值度	高价值专利占比	申请人高价值专利数量与专利总数量的比值，越高则代表科技创新成果的质量越高，创新价值度越高	4星及以上专利数量/专利总量	5+
		专利平均被引次数	申请人所拥有专利的被引证总次数与专利数量的比值，越高则代表对于后续技术的影响力越大，创新价值度越高	被引证总次数/专利总数	5+
		获奖专利数量	申请人所拥有的专利中获得过中国专利奖的数量	获奖专利总数	4+
		授权专利平均权利要求项数	申请人授权专利权利要求总项数与授权专利数量的比值，越高则代表单件专利的权利布局越完备，创新价值度越高	授权专利权利要求总项数/授权专利数量	4+

一级指数为总指数，即企业技术创新力指数。二级指数分别对应四个构成元素的指数，分别为创新活跃度指数、创新集中度指数、创新开放度指数、创新价值度指数；其下设置4～6个具体的核心指标，予以支撑。

2.1.3 基于专利的企业技术创新力评价指标计算方法

附表2-2　　　　　　　　　　　指标体系及权重列表

一级指标	二级指标	权重	三级指标	指标代码	指标权重
技术创新力指数	创新活跃度 A	0.3	专利申请数量	A_1	0.4
			专利申请活跃度	A_2	0.2
			授权专利发明人数活跃度	A_3	0.1
			国外同族专利占比	A_4	0.1

一级指标	二级指标	权重	三　级　指　标	指标代码	指标权重
技术创新力指数	创新活跃度 A	0.3	专利授权率	A_5	0.1
			有效专利数量	A_6	0.1
	创新集中度 B	0.15	核心技术集中度	B_1	0.3
			专利占有率	B_2	0.3
			发明人集中度	B_3	0.2
			发明专利占比	B_4	0.2
	创新开放度 C	0.15	合作申请专利占比	C_1	0.1
			专利许可数	C_2	0.3
			专利转让数	C_3	0.3
			专利质押数	C_4	0.3
	创新价值度 D	0.4	高价值专利占比	D_1	0.3
			专利平均被引次数	D_2	0.3
			获奖专利数量	D_3	0.2
			授权专利平均权利要求项数	D_4	0.2

如上文所述，企业技术创新力评价体系（即"F"）由创新活跃度（即"F(A)"）、创新集中度（即"F(B)"）、创新开放度（即"F(C)"）、创新价值度（即"F(D)"）4个二级指标，专利申请数量、专利申请活跃度、授权发明人数活跃度、国外同族专利占比、专利授权率、有效专利数量、核心技术集中度、专利占有率、发明人集中度、专利占有率、发明人集中度、发明专利占比、合作申请专利占比、专利许可数、专利转让数、专利质押数、高价值专利占比、专利平均被引次数、获奖专利数量、授权专利平均权利要求项数18个三级指标构成，经专家根据各指标影响力大小和各指标实际值多次讨论和实证得出各二级指标和三级指标权重与计算方法，具体计算规则如下文所述：

$$F＝0.3×F(A)＋0.15×F(B)＋0.15×F(C)＋0.4×F(D)$$

其中　$F(A)$＝（0.4×专利申请数量＋0.2×专利申请活跃度＋0.1×授权专利发明人数活跃度＋0.1×国外同族专利占比＋0.1×专利授权率＋0.1×有效专利数量）；

$F(B)$＝（0.3×核心技术集中度＋0.3×专利占有率＋0.2×发明人集中度＋0.2×发明专利占比）；

$F(C)$＝（0.1×合作申请专利占比＋0.3×专利许可数＋0.3×专利转让数＋0.3×专利质押数）；

$F(D)$＝（0.3×高价值专利占比＋0.3×专利平均被引次数＋0.2×获奖专利数量＋0.2×授权专利平均权利要求项数）。

各指标的最终得分根据各申请人在本技术领域专利的具体指标值进行打分。

2.2 电力大数据技术领域专利分析研究方法

2.2.1 确定研究对象

为了全面、客观、准确地确定本报告的研究对象，首先通过查阅科技文献、技术调研等多种途径充分了解电力信息通信领域关于大数据的技术发展现状及发展方向，同时通过与行业内专家的沟通和交流，确定了本报告的研究对象及具体的研究范围为：电力信通领域大数据技术。

2.2.2 数据检索

2.2.2.1 制定检索策略

为了确保专利数据的完整、准确，尽量避免或者减少系统误差和人为误差，本报告采用如下检索策略：

（1）以商业专利数据库为专利检索数据库，同时以各局官网为辅助数据库。

（2）采用分类号和关键词制定大数据技术的检索策略，并进一步采用申请人和发明人对检索式进行查全率和查准率的验证。

2.2.2.2 技术分解表

附表 2-3   大 数 据 技 术 分 解 表

一级分支	二级分支	三 级 分 支
大数据	人机交互	大数据技术
		大数据算法
		大数据芯片
		智能行为
		智能机器人
		智能制造
		语音交互
		语音识别
		感知智能
	机器学习	神经网络
		神经机器翻译
		神经图灵机
		循环神经网络
		对抗网络
		概率图模型
		高斯混合模型

一级分支	二级分支	三 级 分 支
大数据	机器学习	隐动态模型
		隐马尔可夫模型
		代理
		仿射层
		多层感知器
		隐藏层
		深度学习网络
		深度 Q 网络
		深度卷积生成对抗网络
		深度神经网络
		深度信念网络
		生成对抗网络
		前馈神经网络
		机器学习算法
		机器感知
		机器视觉
		机器思维
		半监督学习
		无监督学习
		监督学习
		多模态学习
		K -最近邻算法
		Logistic 回归
		$\alpha - \beta$ 剪枝
		博弈论
		超限学习机
		非凸优化
		随机梯度下降
		特征学习
		通过时间的反向传播
		受限玻尔兹曼机
		数据分析
		噪声对比估计

续表

一级分支	二级分支	三　级　分　支
大数据	机器学习	长短期记忆
		支持向量机
		知识工程
		遗传算法
		主成分分析
		自然语言处理
		自然语言生成
		自组织映射
		最大池化
		最大似然
		分批标准化
		对数似然
		激活函数
		决策树
		决策系统
	计算机视觉	图像识别
		视频识别

2.2.3　数据清洗

通过检索式获取基础专利数据以后，需要通过阅读专利的标题、摘要等方法，将重复的以及与本报告无关的数据（噪音数据）去除，得到较为适宜的专利数据集合，以此作为本报告的数据基础。

3　企业技术创新力排行第1～50名

附表 3-1　　电力信通大数据技术领域企业技术创新力第 1～50 名

申 请 人 名 称	技术创新力指数	排名
中国电力科学研究院有限公司	84.2	1
国网山东省电力公司电力科学研究院	82.2	2
华北电力大学	75.6	3
广东电网有限责任公司电力科学研究院	74.9	4
南京南瑞继保电气有限公司	74.8	5
国电南瑞科技股份有限公司	73.6	6

申 请 人 名 称	技术创新力指数	排名
国网湖南省电力有限公司	73.0	7
国网江苏省电力有限公司	72.4	8
南瑞集团有限公司	72.4	9
清华大学	72.1	10
国网福建省电力有限公司	72.1	11
国网冀北电力有限公司电力科学研究院	71.2	12
全球能源互联网研究院	71.0	13
华中科技大学	71.0	14
山东大学	69.9	15
国网河南省电力有限公司电力科学研究院	69.5	16
国网湖北省电力有限公司电力科学研究院	69.4	17
国网天津市电力公司	69.3	18
国网江苏省电力有限公司电力科学研究院	68.0	19
国网山东省电力公司经济技术研究院	67.5	20
国网上海市电力公司	67.3	21
北京中电普华信息技术有限公司	67.2	22
国网电力科学研究院武汉南瑞有限责任公司	66.8	23
北京国电通网络技术有限公司	66.8	24
北京科东电力控制系统有限责任公司	66.7	25
中国南方电网有限责任公司电网技术研究中心	66.6	26
广州供电局有限公司	66.5	27
国网山东省电力公司	66.4	28
许继集团有限公司	66.3	29
国网辽宁省电力有限公司	66.2	30
武汉大学	66.0	31
广西电网有限责任公司电力科学研究院	65.9	32
国网信通亿力科技有限责任公司	65.9	33
国网北京市电力公司	65.7	34
四川大学	65.2	35
国网浙江省电力有限公司	64.7	36
国网江西省电力有限公司电力科学研究院	64.3	37
中国南方电网有限责任公司	64.0	38
华南理工大学	63.8	39

申 请 人 名 称	技术创新力指数	排名
上海交通大学	63.3	40
广东电网有限责任公司电力调度控制中心	63.2	41
天津大学	63.2	42
昆明理工大学	62.7	43
重庆大学	62.6	44
河海大学	62.3	45
国网重庆市电力公司电力科学研究院	62.1	46
西安交通大学	62.1	47
贵州电网有限责任公司电力科学研究院	62.0	48
国网陕西省电力公司电力科学研究院	62.0	49
国网辽宁省电力有限公司电力科学研究院	61.9	50

4 相关事项说明

4.1 近期数据不完整说明

2019 年以后的专利申请数据存在不完整的情况，本报告统计的专利申请总量较实际的专利申请总量少。这是由于部分专利申请在检索截止日之前尚未公开。例如，PCT 专利申请可能自申请日起 30 个月甚至更长时间之后才进入国家阶段，从而导致与之相对应的国家公布时间更晚。发明专利申请通常自申请日（有优先权的，自优先权日）起 18 月（要求提前公布的申请除外）才能被公布。以及实用新型专利申请在授权后才能获得公布，其公布日的滞后程度取决于审查周期的长短等。

4.2 申请人合并

附表 4–1 　　　　　　　　　申 请 人 合 并

合 并 后	合 并 前
国家电网有限公司	国家电网公司
	国家电网有限公司
国网江苏省电力有限公司	江苏省电力公司
	国网江苏省电力公司
	国网江苏省电力有限公司
国网上海市电力公司	上海市电力公司
	国网上海市电力公司

合　并　后	合　并　前
云南电网有限责任公司电力科学研究院	云南电网电力科学研究院
	云南电网有限责任公司电力科学研究院
中国电力科学研究院有限公司	中国电力科学研究院
	中国电力科学研究院有限公司
华北电力大学	华北电力大学
	华北电力大学（保定）
	华北电力大学（北京）
ABB 技术公司	ABB 瑞士股份有限公司
	ABB 研究有限公司
	TOKYO ELECTRIC POWER CO
	ABB RESEARCH LTD
	ABB 服务有限公司
	ABB SCHWEIZ AG
NEC 公司	NEC CORP
	NEC CORPORATION
罗伯特·博世有限公司	BOSCH GMBH ROBERT
	ROBERT BOSCH GMBH
	罗伯特·博世有限公司
东京芝浦电气公司	东京芝浦电气公司
	OKYO SHIBAURA ELECTRIC CO
	TOKYO ELECTRIC POWER CO
富士通公司	FUJI ELECTRIC CO LTD
	FUJITSU GENERAL LTD
	FUJITSU LIMITED
	FUJITSU LTD
	FUJITSU TEN LTD
	富士通株式会社
佳能公司	CANON KABUSHIKI KAISHA
	CANON KK
日本电气公司	NIPPON DENSO CO
	NIPPON ELECTRIC CO
	NIPPON ELECTRIC ENG
	NIPPON SIGNAL CO LTD

续表

合　并　后	合　并　前
日本电气公司	NIPPON SOKEN
	NIPPON STEEL CORP
	NIPPON TELEGRAPH & TELEPHONE
	日本電気株式会社
	日本電信電話株式会社
日本电装株式会社	DENSO CORP
	DENSO CORPORATION
	NIPPON DENSO CO
东芝公司	KABUSHIKI KAISHA TOSHIBA
	TOSHIBA CORP
	TOSHIBA KK
	株式会社東芝
日立公司	HITACHI CABLE
	HITACHI ELECTRONICS
	HITACHI INT ELECTRIC INC
	HITACHI LTD
	HITACHI, LTD.
	HITACHI MEDICAL CORP
	株式会社日立製作所
三菱电机株式会社	MITSUBISHI DENKI KABUSHIKI KAISHA
	MITSUBISHI ELECTRIC CORP
	MITSUBISHI HEAVY IND LTD
	MITSUBISHI MOTORS CORP
	三菱電機株式会社
松下电器	MATSUSHITA ELECTRIC WORKS LT
	MATSUSHITA ELECTRIC WORKS LTD
西门子公司	SIEMENS AG
	Siemens Aktiengesellschaft
	SIEMENS AKTIENGESELLSCHAFT
	西门子公司
住友集团	住友电气工业株式会社
	SUMITOMO ELECTRIC INDUSTRIES
富士电气公司	FUJI ELECTRIC CO LTD

合 并 后	合 并 前
富士电气公司	FUJI XEROX CO LTD
	FUJITSU LTD
	FUJIKURA LTD
	FUJI PHOTO FILM CO LTD
	富士電機株式会社
英特尔公司	INTEL CORPORATION
	INTEL CORP
	INTEL IP CORP
	Intel IP Corporation
微软公司	MICROSOFT TECHNOLOGY LICENSING LLC
	MICROSOFT CORPORATION
EDSA 微型公司	EDSA MICRO CORP
	EDSA MICRO CORPORATION
通用电气公司	GEN ELECTRIC
	GENERAL ELECTRIC COMPANY
	ゼネラル? エレクトリック? カンパニイ
	通用电气公司
	通用电器技术有限公司

4.3 其他约定

有权专利：指已经获得授权，并截止到检索日期为止，并未放弃、保护期届满、或因未缴年费终止，依然保持专利权有效的专利。

无权专利：①授权终止专利，即指已经获得授权，并截至到检索日期为止，因放弃、保护期届满、或因未缴年费终止等情况，而致使专利权终止的过期专利，这些过期专利成为公知技术；②申请终止专利，即指已经公开，并在审查过程中，主动撤回、视为撤回或被驳回生效的专利申请，这些申请后续不再具有授权的可能，并成为公知技术。

在审专利：指已经公开，进入或未进入实质审查，截止到检索日期为止，尚未获得授权，也未主动撤回、视为撤回或被驳回生效的专利申请，一般为发明专利申请，这些申请后续可能获得授权。

企业技术创新力排行主体：以专利的主申请人为计数单位，对于国家电网公司为主申请人的专利则以该专利的第二申请人作为计数单位。

4.4　边界说明

为了确保本报告后续涉及的分析维度的边界清晰、标准统一等，对本报告涉及的数据边界、不同属性的专利申请主体（专利申请人）的定义做出如下约定。

（1）数据边界

地域边界：七国两组织：中国、美国、日本、德国、法国、瑞士、英国、WO❶ 和 EP❷。

时间边界：近 20 年。

（2）不同属性的申请人

全球申请人：全球范围内的申请人，不限定在某一国家或地区所有申请人。

国外申请人：排除所属国为中国的申请人，限定在除中国外的其他国家或地区的申请人。需要解释说明的是，由于中国申请人在全球范围内（包括中国）所申请的专利总量相对于国外申请人在全球范围内所申请的专利总量较多，为了凸显出在专利申请数量方面表现突出的国外申请人，因此作如上界定。

供电企业：包括国家电网公司和中国南方电网有限责任公司，以及隶属于国家电网公司和中国南方电网有限责任公司的国有独资公司包括供电局、电力公司、电网公司等。

非供电企业：从事投资、建设、运营供电企业等业务或者生产、研发供电企业产品/设备等的私有公司。需要进一步解释说明的是，由于供电企业在全球范围内（包括中国）所申请的专利总量相对于非供电企业在全球范围内所申请的专利总量较多，为了凸显出在专利申请数量方面表现突出的非供电企业，因此作如上界定。

电力科研院：隶属于国家电网有限公司或中国南方电网有限责任公司的科研机构。

---

❶　WO：世界知识产权组织（World Intellectual Property Organization，简称 WIPO）成立于 1970 年，是联合国组织系统下的专门机构之一，总部设在日内瓦。它是一个致力于帮助确保知识产权创造者和持有人的权利在全世界范围内受到保护，从而使发明人和作家的创造力得到承认和奖赏的国际间政府组织。

❷　EP：欧洲专利局（EPO）是根据欧洲专利公约，于 1977 年 10 月 7 日正式成立的一个政府间组织。其主要职能是负责欧洲地区的专利审批工作。

参 考 文 献

［1］ 彭小圣，邓迪元，程时杰，等．面向智能电网应用的电力大数据关键技术［J］．中国电机工程学报，2015，35（3）：503－511．

［2］ 张东霞，苗新，刘丽平，等．智能电网大数据技术发展研究［J］．中国电机工程学报，2015，35（1）：2－12．

［3］ 中电联统计信息部．中电联发布2009年全国电力工业年度统计数据［EB／OL］．2010－07－16. http：//www.cec.org.cn/xinxifabu/2010－11－28/33022．

［4］ 毛西吟．电网规划与电力设计对电网安全影响分析［J］．电子世界，2020（3）：58－59．

［5］ 谈韵，万顺，张谢，等．基于大数据的电网规划精益分析平台研究与应用［J］．电力大数据，2019，22（2）：34－40．

［6］ 张东霞，姚良忠，马文媛．中外智能电网发展战略［J］．中国电机工程学报，2013，33（31）：1－14．

［7］ 李喜来，李永双，贾江波，等．中国电网技术成就、挑战与发展［J］．南方能源建设，2016，3（2）：1－8．

［8］ 龙泉涌．基于GIS的城市配电网规划设计分析［J］．科技创新导报，2020，17（14）：31－32．

［9］ 李青芯，贺瑞，程翀．电网三维数字化设计技术探讨及展望［J］．电力勘测设计，2020（S1）：1－6．

［10］ 胡君慧，盛大凯，郄鑫，等．构建数字化设计体系，引领电网建设发展方向［J］．电力建设，2012（12）：1－5．

［11］ 唐海英．输变电工程设计现状与三维数字化设计应用［J］．化工管理，2018：94－95．

［12］ 张化冰．高质量做好新时代电力规划工作——访电力规划设计总院规划研究部副主任刘世宇［J］．电力设备管理，2019（7）：16－17，61．

［13］ 张化冰．加强技术创新推动行业发展提高能力建设赢得广阔市场——访电力规划设计总院电网工程部主任李永双［J］．电力设备管理，2019（6）：15－18．

［14］ 钟俊辉．电网前期规划设计中存在的问题及解决办法［J］．中国高新科技，2020（2）：39－40．

［15］ 如何玩转电网调度大数据-北极星输配电网 http：//shupeidian.bjx.com.cn/news/20170721/838679.shtml.

［16］ 辛耀中，石俊杰，周京阳，等．智能电网调度控制系统现状与技术展望［J］．电力系统自动化，2015，39（1）：2－8．

［17］ 王瑞杰．面向电网调度控制系统的多源异构数据处理方法研究［D］．北京：华北电力大学，2017．

［18］ 林成宁．电网调度数据网及其维护研究［J］．河南科技，2017（17）．

［19］ 殷雄翔，刘磊．可视化技术在电网调度中的应用［J］．集成电路应用，2019，36（3）：58－59．

［20］ 张智刚，夏清．智能电网调度发电计划体系架构及关键技术［J］．电网技术，2009，33（20）：1－8．

［21］ 王守鹏，赵冬梅．电网故障诊断的研究综述与前景展望［J］．电力系统自动化，2017，41（19）：

164 - 175.

[22] Chen W H. Online fault diagnosis for power transmission networks using fuzzy digraph models [J]. IEEE Trans on Power Delivery, 2012, 27 (2): 688 - 698.

[23] 李明节, 陶洪铸, 许洪强, 等. 电网调控领域人工智能技术框架与应用展望 [J]. 电网技术, 2020, 44 (2): 393 - 400.

[24] 严英杰, 盛戈皞, 陈玉峰, 等. 基于大数据分析的输变电设备状态数据异常检测方法 [J]. 中国电机工程学报, 2015, 35 (1): 52 - 59.

[25] 蒲天骄, 乔骥, 韩笑, 等. 人工智能技术在电力设备运维检修中的研究及应用 [J]. 高电压技术, 2020, 46 (2): 369 - 383.

[26] 江秀臣, 盛戈皞. 电力设备状态大数据分析的研究和应用 [J]. 高电压技术, 2018, 44 (4): 1041 - 1050.

[27] 白洁音, 赵瑞, 谷丰强, 等. 多目标检测和故障识别图像处理方法 [J]. 高电压技术, 2019, 45 (11): 3504 - 3511.

[28] 张东霞, 苗新, 刘丽平, 等. 智能电网大数据技术发展研究 [J]. 中国电机工程学报, 2015, 35 (1): 2 - 12.

[29] 罗龙. 基于数据挖掘的架空输电线路状态评估 [D]. 广州: 华南理工大学, 2017.

[30] 周承科, 李明贞, 王航, 等. 电力电缆资产的状态评估与运维决策综述 [J]. 高电压技术, 2016, 42 (8): 2353 - 2362.

[31] 陶诗洋. 基于振荡波测试系统的 XLPE 电缆局部放电检测技术 [J]. 中国电力, 2009, 42 (1): 98 - 101.

[32] 邵瑰玮, 刘壮, 付晶, 等. 架空输电线路无人机巡检技术研究进展 [J]. 高电压技术, 2020, 46 (1): 14 - 22.

[33] 白杨, 李昂, 夏清. 新形势下电力市场营销模式与新型电价体系 [J]. 电力系统保护与控制, 2016, 44 (5): 10 - 16.

[34] 李江编. 电力营销管理 [M]. 北京: 中国电力出版社, 2016.

[35] 程祥, 李林芝, 吴浩, 等. 非侵入式负荷监测与分解研究综述 [J]. 电网技术, 2016, 40 (10): 3108 - 3117.

[36] 余贻鑫, 刘博, 栾文鹏. 非侵入式居民电力负荷监测与分解技术 [J]. 南方电网技术, 2013, 7 (4): 1 - 5.

[37] 陈文瑛, 陈雁, 邱林, 等. 应用大数据技术的反窃电分析 [J]. 电子测量与仪器学报, 2016, 30 (10): 1558 - 1567.

[38] 孟巍, 吴雪霞, 李静, 等. 基于大数据技术的电力用户画像 [J]. 电信科学, 2017, 33 (S1): 15 - 20.

[39] 徐涛, 黄莉, 李敏蕾, 等. 基于多维细粒度行为数据的居民用户画像方法研究 [J]. 电力需求侧管理, 2019, 21 (3): 47 - 52, 58.

[40] 傅军, 许鑫, 罗迪, 等. 电力用户行为画像构建技术研究 [J]. 电气应用, 2018, 37 (13): 18 - 23.

[41] 杨捷, 洪锋, 段明明, 等. 面向大数据的供电企业电力营销服务体系构建分析 [J]. 科技风, 2019 (6): 69.

[42] 田彦博. 电力基建工程项目进度管理的影响因素分析 [J]. 中国高新技术企业, 2016 (6): 176 - 177.

[43] 赵水忠, 王一杰, 杜亮, 等. 基于数据挖掘和 ERP 技术的电力工程数据信息库设计 [J]. 电子设

计工程，2020，28（5）：107－111.

[44] 杨星．输变电项目后评价指标体系及模型构建研究［D］．北京：华北电力大学，2017.

[45] 付健艺，王晓辉，石哲方，等．特征选择的降维方法在配网工程项目工期预测模型中的应用［J］．科技视界，2020（4）：157－158.

[46] 丁国亮，代海建，王虎，等．基于图像数据特征差异性的电力工程安全预警方法［J］．科技风，2017（8）：90.

[47] 张东，潘明喜．浅谈大数据时代下电力基建项目的全过程财务管理［J］．财政监督，2016（23）：95－97.

[48] 王颖．数据挖掘技术在电力线路工程造价管理中的应用研究［D］．重庆：重庆大学，2008.

[49] 彭光金．小样本工程造价数据的智能学习方法及其在输变电工程中的应用研究［D］．重庆：重庆大学，2010.

[50] 艾涛．电网建设项目的竣工结算数据挖掘技术应用［J］．电子技术与软件工程，2016（22）：181－182.

[51] 王继业．赋能电网核心业务大数据助力提质增效［N］．国家电网报，2020－07－29（002）.

[52] 马骏达，袁建国，夏晓霞，等．构建电力征信体系服务经济新常态［J］．电力需求侧管理，2016，18（S1）：35－37.

[53] 王蕾，朱栋．基于指标体系的电力用户征信评价研究［C］．中国电力科学研究院有限公司、国网电投（北京）科技中心、《电子技术应用》杂志社．2017年"电子技术应用"智能电网会议论文集．中国电力科学研究院有限公司、国网电投（北京）科技中心、《电子技术应用》杂志社：国网电投（北京）科技中心，2017：90－92.

[54] 徐国锋．征信体系中的电力大数据［N］．国家电网报，2015－12－28（008）.

[55] 龚廷志，余杰．大数据助力精准扶贫［J］．农村电工，2020，28（6）：11.

[56] 张晓萱，李睿，胡源，等．新时代背景下电力精准扶贫模式研究及建议［J］．中国能源，2020，42（4）：31－33，47.

[57] 罗凡，余向前，冯丽丽，等．基于大数据与GIS技术的电力精准扶贫可视化平台构建研究［J］．电子世界，2020（1）：108－110，115.

[58] 刘玉娇，宋坤煌，王向．基于电力大数据的经济景气指数分析［J］．电信科学，2020，36（6）：166－171.

[59] 国网大数据中心发布电力消费指数（ECI）http：//shupeidian.bjx.com.cn/html/20200611/1080502.shtml.

[60] 大数据显"神通"！天津整合电力数据推出复工复产指数［J］．资源节约与环保，2020（2）：8.

[61] 梅宏院士在人大常委会专题学习讲座：大数据发展现状与未来趋势．

[62] 袁纪辉．大数据发展研究综述及启示［J］．网络空间安全，2019，10（12）：54－61.

[63] 王继业．智能电网大数据［M］．北京：中国电力出版社，2017.

[64] 中国信通院：大数据白皮书（2019）.

[65] 中国电子标准化研究院：大数据标准化白皮书（2014）.

[66] 林子雨．大数据技术原理与应用［M］．2版．北京：人民邮电出版社，2017.

[67] 李学龙，龚海刚．大数据系统综述［J］．中国科学：信息科学，2015，45（1）：1－44.

[68] 姜延吉．多传感器数据融合关键技术研究［D］．哈尔滨：哈尔滨工程大学博士学位论文，2010，1－6.

[69] 数据预处理（三）数据变换．Avaliable：https：//blog.csdn.net/sysstc/article/details/84532396

[70] Boris Scholl，Trent Swanson，Peter Jausovec. Cloud Native：Using Containers，Functions，and Da-

ta to Build（云原生：运用容器、函数计算和数据构建下一代应用，季奔牛翻译）．

[71] 彭成．大规模知识图谱的分布式存储与检索技术研究［D］．武汉：华中科技大学，2019．

[72] 宫夏屹，李伯虎，柴旭东，等．大数据平台技术综述［J］．系统仿真学报，2014，26（3）：489－496．

[73] 朱洁．大数据架构详解：从数据获取到深度学习［M］．北京：电子工业出版社，2016．

[74] Aminer：《人工智能之图计算》报告．

[75] 王绪刚 2015－09－21 如何利用"图计算"实现大规模实时预测分析－CSDN．NET．

[76] 大数据处理系统都有哪些？（数据查询分析计算系统篇）．Avaliable：https：//www．jianshu．com/p/b46a3318459b．

[77] 黄山，王波涛，王国仁，等．MapReduce 优化技术综述［J］．计算机科学与探索，2013，7（10）：885－905．

[78] Zaharia，Matei& Chowdhury，Mosharaf& Franklin，et al. Spark：Cluster Computing with Working Sets. Proceedings of the 2nd USENIX conference on Hot topics in cloud computing，2020，10：10－10．

[79] 廖湖声，黄珊珊，徐俊刚，等．Spark 性能优化技术研究综述［J］．计算机科学，2018，45（7）：7－15，37．

[80] The Apaehe Foundation. Storm official website［EB/OL］．［2014－11－02］．https：//storm. apache. org/．

[81] 李川，鄂海红，宋美娜．基于 Storm 的实时计算框架的研究与应用［J］．软件，2014，35（10）：16－20．

[82] Malewicz，Grzegorz &Austern，Matthew & Bik，et al. Pregel：A system for large－scale graph processing. Pregel：A System for Large－scale Graph Processing. 2009，48. 10. 1145/1582716. 1582723．

[83] 黄雄，黎永灿，张良，等．大数据可视化技术在电网企业的应用［J］．企业技术开发，2019，38（6）：47－49．

[84] 袁晓如，张昕，肖何，等．可视化研究前沿及展望［J］．科研信息化技术与应用，2011，2（4）：3－13．

[85] Charles D. Hanse，Chris R. Johnson. Visualization Handbook［M］．Academic Press，Inc. Orlando，FL，USA，2004．

[86] Jean－Daniel Fekete，Jarke J. Wijk，John T. Stasko，et al. The Value of Information Visualization［J］．Information Visualization，Lecture Notes in Computer Science，2008，1－18．

[87] James J. Thomas，Kristin A. Cook. Illuminating the Path－The Research and Development Agenda for Visual Analytics. National Visualization and Analytic Center，2005．

[88] 张尼，张云勇，等．大数据安全技术与应用［M］．北京：人民邮电出版社，2014．

[89] Viktor Mayer－Schonberger，Kenneth C'ukier. Big Data：A Revolution that Will Transform How We Live，Work and Think. Boston：Houghton Mifflin Harcourt，2013．

[90] 方滨兴，贾焰，李爱平，等．大数据隐私保护技术综述［J］．大数据，2016，2（1）：1－18．

[91] 《研究表明，数据匿名化并保护不了你的隐私》－科技行者 2019－7－31. http：//www. techwalker. com/2019/0731/3120105. shtml．

[92] Rocher L，Hendrickx J M，Montjoye Y A D. Estimating the success of re－identifications in incomplete datasets using generative models［J］．Nature Communications，2019，10（1）．

[93] 数据存储加密技术如何实现．https：//www. jiamisoft. com/blog/666－shujucunchujiamijishu. html

[94] 中国信通院：大数据白皮书（2019）．